章达美 著

俗／瓦当下的
俗日子

窑火凝珍

刘耿 董晓晔 主编

社会科学文献出版社
SOCIAL SCIENCES ACADEMIC PRESS (CHINA)

序一
让历史"活"起来的干窑

嘉善县干窑镇历史上以窑业闻名于世。干窑烧制的砖、瓦、器始于唐宋，胜于明清，方志称其为千窑之镇。物以民用为主，不若专制贡物的官窑盛名。但正是这种拥有更广泛用户群的商业模式，使干窑获得更持久的生命力。尽管时代在变换，但民间还是那个民间。拥有300余年历史的古窑今日仍然在维系它的工艺、生产，为江南的青山秀水间平添了灯火阑珊。

我们通常所见遗迹，是失去了活态生命力的标本，在现代修缮技术的加持下，它静静地诉说着当年栩栩如生、活灵活现的历史故事，在某种意义上，它已切断与历史的活态生命联系。干窑的可贵之处就在于它仍然是具有生命力的古建筑材料生产的活态遗产。这里既是历史遗迹，也是历史现场，更是为中国传统建筑传承、发展承担生产传统材料的非物质文化遗产大作坊。窑工们说着祖祖辈辈的方言，延续着祖传的技艺，码放着与历史一色的砖瓦，于一砖一瓦中传承一丝不苟、精益求精的工匠精神，一切宛若昨日。

干窑为什么还在生产呢？原因有二：一是，窑包若停止生产则易因保护不到位而发生塌陷，不间断地生产是保住窑包的最好方式。这像不像是古人智慧的程序设定？以此保证后人技不离手，代代相传。二是，现在各地的古建修缮保护需要这种传统砖瓦构件，这是我们保护传统建筑工艺材料真实性的必备条件。通过改变传统工艺生产甚至3D打印或许也能做个样子出来，但总是缺少历史的韵味，改变了古建筑材料的历史信息真实性。供应链安全是当前经济领域的一个热门话题，其实，干窑这样的供应链在古建筑保护领域更稀缺，尤其是在全国保护传统古建筑、留住乡愁的时代背景下。

所以，干窑是能够使历史"活"起来的一个重要节点。经由干窑，我们不仅可以看见历史，更能到达历史。

我们很欣喜地看到，今日干窑镇围绕着"活"字做了很多文章，使干窑的历史不仅"活"下来，而且"活"得更出彩。编撰出版这套干窑窑文化系列丛书就是重要的手段之一。该丛书共分7册，可以说从眼、耳、鼻、舌、身、意"六识"全方位展示了一个立体的干窑，将干窑的"活"字从各路灌输到人的心田。干窑是什么样，读了就知道了。即使没去过干窑的，也愿意跑一趟看看。

干窑镇的做法至少给我们四点启示。

其一，想办法建立起遗迹的古今连接，使遗迹"活"起来，这是遗迹保护的好方法。我们往往对"保护"有一种误区，认为尽量少动少碰甚至隔绝就是"保护"。殊不知我们保护的不仅仅是遗迹的物质本体，更要保护其蕴含的文脉，文脉得在活体之中传承。有效利用是文物保护重要传承方针的体现。

其二，许多地方宁愿依附或硬套与自己相去甚远的"大"历史，即历史名人、家喻户晓的历史事件而忽略"小"历史，一味求大是当今的一股风气。挖掘身边细小但真实的历史更有价值，通过发现、挖掘、推广使不知名的历史变知名，甚至成为一门"显学"，这像原发科技一样重要。

其三，保护手段要创新，要多样化。干窑的动态和静态保护展示要合理安排，既要注重"硬件"，也要注重研究、出版、传播等"软件"，正如窑包不烧加上保护不到位就会倒塌一样，硬件系统也需要"气"的支撑，"气"指的是看不见的软件。

其四，干窑的生产要处理好与环境保护的关系，要有新思路、新方法、新技术，在不改变传统工艺和基本形制的前提下，让干窑镇成为传承生产古建筑材料的非遗亮点。

干窑镇的窑文化遗迹保护与开发，为我们树立了一个非著名遗迹保护与开发的范式，它从遗迹本身特点出发，抓住"活"字这个关键的着力点，运用多样化的保护、开发、传播手段，产生了非常好的社会效益和经济效益。

中国文化遗产研究院原总工程师

中国文物保护基金会罗哲文基金管理委员会主任

序二
历史"长尾"上的干窑

（一）

历史遗迹的发掘和运营，是一门注意力经济。人们更关注著名人物、著名事件的遗存，如果遗存本身自带精品属性或恢宏叙事的气质，就更好了。人们只关注重要的人或重要的事，如果用正态分布曲线来描绘，人们只能关注曲线的"头部"，而忽略了处于曲线"尾部"、需要花费更多的精力和成本才能注意到的大多数人或事。浙江省嘉善县干窑镇的窑文化遗迹就处于这样的曲线"长尾"，具有以下特点。

一是"小"。干窑镇位于长江三角洲环太湖区域，这一区域土质细腻、黏合力强，适宜砖瓦烧制。从史前文化的烧结砖、秦砖汉瓦、明清时期专业的窑业市镇，到近代开埠后在大上海建设中的大放异彩，干窑砖瓦窑业正是环太湖区域窑业历史文化的典型代表。在长三角的窑业史上，干窑镇与陆慕镇、天凝镇等共同组成了一串璀璨的珍珠链。

二是"低"。对瓦当的研究与收藏，早在金石学较为发达的北宋时代就开始了，此后的南宋及元明都有记载，清代乾嘉学派将瓦当的研究推向高峰。当时，文人士大夫间收藏与研究瓦当甚为流行，从清末到民国，在一代又一代的瓦当研究与爱好者的努力下，瓦当走进了寻常百姓家，成为大众喜爱的装饰品和收藏品。但与精品文物相比，傻、大、粗、黑的建筑构件的收藏价值一直较低。"低"也意味着升值空间大，关键是挖掘出窑文化的价值并加以发扬光大。

三是"活"。有着300多年历史的沈家"和合窑"，是一座承载着旧时代烧窑技艺辉煌的"活遗迹"，为中国各地的文物修复、仿古遗迹等烧制砖瓦。生活在当下的掌握着古老技艺的窑工们，也有一种富有生命力的历史感。也要感谢计算机记录和存储功能这么强大的今天，每一个人都可以在历史上留下一笔。以往历史只讲述"人类群星闪耀时"，只有极个别的人物或极幸运的人物能够被载入史册。这批窑工的前辈们，偶尔也会将自己的姓名刻制在某块砖上，这是产品责任制的一种表现，但也只是留下一个名字而已，再无其他史籍参照与其产生更多的关联。为此，我们希望能细描这一段历史的"长尾"。

（二）

干窑窑业历史悠久，辖内发现唐代瓦当后，干窑窑业被初步判定起始于唐代。又据在干窑长生村宋代大圣寺遗址出土的"景定元年"铭文砖，最迟于宋代干窑就已开始烧制砖。

明代苏州秦氏迁入干家窑，并将京砖烧制技艺传入江泾，吕氏、陆氏开始生产"明富京砖"。从干窑出土的明代嘉善城砖以及清顺治年间干家窑产砖运往杭州建造满城（在杭州）可见，明末清初干窑烧砖技艺已趋成熟。清代中期，干窑已成为嘉善县的窑业中心，被称为"千窑之镇"，县志记载："宋前造窑，南出张汇，北出千窑"。位于干窑镇的古砖瓦窑沈家窑，以烧制"敲之有声，断之无孔"的京砖闻名。传说乾隆皇帝下江南时，误将"千窑"念"干窑"，"干窑"由此得名。至今仍在烧窑的沈家窑、和合窑已成为省级文物保护单位。

干窑也是江南窑文化的发源地和传承地。干窑的砖窑文化不仅包括窑业特有的生产技艺，如砖窑建筑技艺、瓦当生产技艺、京砖生产技艺等，还包括瓦当砖雕文化、窑乡民间故事传说、窑工生活习俗等。干窑的"窑文化"是文化百花园中的一朵奇葩，形成了江南水乡独具特色的砖瓦窑业文化。干窑文化不止于窑墩林立、砖瓦世界，而是多姿多彩、鲜活生动，每年农历正月有"马灯舞"表演，走亲访友常提杭、嘉、湖地区特有的工艺食品"人物云片糕"，还有与景德镇瓷器、北京景泰蓝并列为"中华三宝"的干窑脱胎漆器，以天然大漆和夏布为材料，经裹布、上漆、上灰、打磨、髹饰、推光等数百道工序纯手工制作，一件小型成品就得历经一年半载。

窑文化实质上是干窑镇、嘉善县乃至嘉兴市最有特色的民间文化之一，既是十分珍贵的物质文化遗产，又是特色鲜明的非物质文化遗产，干窑镇党委、政府正在进一步挖掘窑文化，做好窑文化文章，为长三角一体化提供深厚的历史底蕴和宝贵的文化财富，着力建设窑文化展陈馆、窑文化非遗体验点、修复废弃窑墩遗址，打造"窑文化"旅游品牌，推动窑文化的保护与传承。

编撰以窑文化为主题的书籍也是挖掘和保护窑文化的重要手段。干窑窑文化系列《窑火凝珍》正是在这样的大背景下，以"窑文化"学术研究、传承传播为主旨，邀请老窑工、民间爱好瓦当收集名家、高校学者和文化部门的有关专家学者等，回忆、讲述、挖掘、整理有关窑文化的历史、故事，并通过文字、摄影、摄像记录下有关京砖、瓦当的传统生产技艺，以图文并茂的方式全方位展示窑文化。

（三）

干窑窑文化系列共分七册，各册简介如下。

册一·影:《镜头里的干窑》是关于干窑窑文化的影像志。本书选取由著名摄影师拍摄的干窑照片（历史照片＋定制拍摄），勾勒干窑影像自身嬗变和行进的历史，也试图从感性的角度回溯干窑人与窑文化之间的深刻情缘。影像记录对象包括窑墩建筑、小镇景点／古迹、窑工、镇民生活、非遗展示、生产现场、活动场景等。

册二·史:《嘉善砖瓦窑业历史文化的传承》是关于干窑窑业与窑文化的简史。按照年代时序，内容上强调每个时间段干窑砖瓦对外影响和时代地位。时间断限由上古至今日。

册三·工:《干窑砖瓦烧制技艺》主要反映古代、近现代干窑砖瓦烧制的过程，以列入浙江省非物质文化遗产名录的"嘉善京砖"生产技艺及列入市级非物质文化遗产代表名录的"干窑瓦当"生产技艺为重点。干窑窑业制品品种丰富，以砖瓦烧制驰名。对民国后机制平瓦诞生及生产技艺等进行介绍。

册四·物:《干窑窑业精品鉴赏》注重对窑业制品的重要社会功能及其艺术价值进行挖掘，尤其对古代干窑生产的铭文砖文化、瓦当文化进行解读，凸显干窑窑业精品独特的艺术地位。干窑窑业实物分为窑业精品及窑业相关文物两部分。窑业精品反映了古代干窑工匠精神，以工艺精湛、寓意吉祥为主，根据用途，可分为建筑材料和生活用品两大类。干窑窑业相关文物包含在干窑窑业发展过程中保存下来的实物，见证了干窑窑业的兴衰史，通过对相关文物的赏析，以物证史，传承历史，照亮未来。

册五·俗:《瓦当下的俗日子》是干窑窑文化的民俗辑录。窑文化中"俗"的部分，分为砖窑、砖瓦及窑工习俗三个部分。其中窑工习俗围绕衣、食、游、艺及拜师、婚丧、信仰、祭祀等展开。抓住习俗中最具吸引力的部分，在讲述人物或故事的同时，融合民俗资料，古今结合，探寻习俗传承与演化。窑乡的民俗充满了"实用"与"智慧"，那些"规矩很大"的事情，令青年一代感到新鲜的同时心中敬畏油然而生。希望能够用轻松、诙谐又饱含敬意的态度去展现瓦当下的俗日子。

册六·声:《时光碎语:流淌于干窑之间的传说与故事》是关于干窑民间故事传说的民间文学集，可称为窑乡"风雅颂"。窑工是民间传说和故事的天然创作主体、再次创作主体和听众，窑场也为其提供了传播情境。本册辑录了干窑的传统民间故事及新时代创作的作品。

册七·人间：《千窑掬匠心：窑工实录》是关于干窑生活的"纪录片"。现代窑工生活实录、老人对窑乡的记忆、乡土变迁故事等。通过挖掘记录民间的文化记忆，探讨现代乡村（窑乡）的精神底座与物质文明的冲突与互适。希望通过对窑乡相关人物的访谈，寻访到可以留存和传承的文化记忆，记录现代乡村的"人世间"，包括寻访烟火人生·人情故事、寻访火热生活·创业故事、寻访文化遗迹·手艺传承、寻访乡土变迁·乡贤归巢等等。

这七册基本上反映了干窑窑文化从物质到精神的方方面面。

前言
隐入尘烟，与诸神和解

————————————•————————————

一

　　干窑，这个地名就是充满理性与务实的。四百多年前，这个江南水乡，由于交通便利，泥源丰富且黏性好，适宜生产砖瓦，窑业日益发展。沿干窑市河两岸，南从积德桥乌桥港，北至北环桥乌金塘，窑墩林立，故有千窑之称。

　　务实的干劲就像一双有力的双手，让这座小镇牢牢地抓住自己生栖着的土地。历史上的每一代窑工出门干活前都抱有的信念是——今天一定要烧好这趟窑。因为生产的好坏，直接影响到窑工的生活。窑工，包括坯农、运坯的船户、盘窑（建窑）师傅、装出窑师傅，每一个环节都紧密相连，于是在长期的生产劳动中就形成了各种特殊的习俗。

　　这些形形色色的习俗也许在现代人看来部分缺乏科学性，甚至带有粗犷荒蛮的气质。但有趣的是，在解读这些习俗的过程中，我们反而可以触摸到一些久远时空中人对于大自然的崇敬感，以及一些无法以理性概念可言说的智慧。

二

用科学解释来消除传统民俗，尤其是民间信仰、禁忌中的神秘感，是一个"祛魅"的过程，就好像揭示魔术的障眼法一样，一旦真相大白，魔术也就失去了"魔"力。科学的"祛魅"将一劳永逸地消灭民俗文化中的神秘意味。但事实上，这只是"存封"而不能等同于消灭，因为它只是从人们对世界的注意或意识中隐去了。人们用科学来断定鬼神、灵魂的不存在，只是证明了鬼神、灵魂不是已知物质属性的经验，并不能消除人们对不可知世界的恐惧和想象。因此鬼神、灵魂并没有被消灭，而是被排除在科学的世界之外，即被"存封"了。

对现代性的怀疑导致了对"存封"经验的再启封。这是当代人解脱现代性困境的需要。20 世纪 90 年代以来，德国存在主义哲学家海德格尔的一句名言"诗意地栖居"，越来越为普通人所知。这句话是海德格尔引用荷尔德林的诗句："充满劳绩，然而人诗意地，栖居在这片大地上。"重要的是，海德格尔对这句诗的解释——"诗意地栖居"意味着置身于诸神的当前之中，受到物之本质切近的震颤……存在之创建维系于诸神的暗示。

在海德格尔心目中"诗意地栖居"的真谛，就是人、神、大地联系在一起的体验。对于当代人来说，"诗意地栖居"是在现代性的自我认同发生危机之后产生的与大地、诸神和乡土传统重新和解的标志。

重新打开近一个世纪来被存封的心灵经验——遥远神奇的传说、粗朴狂野的乡土、神秘的仪式和虔诚的期待……这些把个人与乡土和久远的传统民俗维系在一起的神秘经验是"诗意地栖居"的真解，也是"非物质"文化遗产的深层内蕴。

三

在梳理窑乡民俗的这个过程中，我们被这块"地嘉人善"的土地感动。干窑所在的嘉善县，位于太湖的东南岸，已有5000多年的人类文明史。嘉善人祖祖辈辈劳动、生活、繁衍在富饶的水乡泽国，生生不息地演绎着、承继着古老质朴、富有水乡灵性的文化。嘉善反映的是稻作文化，这种文化带有浓郁的水乡特质，是一种"柔文化""善文化"。明代中晚期，嘉善人袁了凡就提倡使用"功过格"，把每日所做之事，按其善恶增减记数，"隐恶扬善""迁善改过"，进行道德自律，规范自己的行为，达到自我修养、完善人生的目的。在他的代表作《了凡四训》中，劝善是全书的重点和宗旨。干窑人的务实勤劳肯干精神也是"善"的一种体现。

"善"在嘉善人心中带有深深的宗教情结，而这成为贯穿窑工民俗的一个关键词。以"和合"窑的形式告诫子孙后代要和睦相处；不浮夸不铺张，以护家的"哺鸡"作守护神；把历史上或传说中的有益于人民的官吏、名人当作"老爷"来崇拜；严格遵守"五行相合"的生产制作流程；窑户以好饭菜招待窑工，形成了专属的饮食文化……窑工们口中"规矩大得很"的民俗，充满了神秘感与生命力。

图1 袁了凡像
（金身强摄）。

这些曾经存在过的窑乡生活风俗与人们的生产、生死、贫富、凶吉、祸福、寿运等观念紧密地联系在一起，弥漫着善意、善心、善居的象征意义。它们有些已经消散在时光中，有些还依然存在于这片土地上。

四

据《申报》1890 年 3 月 3 日记载："浙江嘉善县境砖瓦等窑有一千余处，每当三四月间旺销之际，自浙境入松江府属黄浦，或往浦东，或往上海，每日总有五六十船，其借此谋生者，不下十数万人。"自 1932 年起，因世界经济不景气，国内乡镇凋敝、砖瓦需求量骤然缩减。至抗日战争，窑墩多数停烧。抗战胜利后各方急需砖瓦，窑业又一度兴起。20 世纪 50 年代，公私合营，私营窑业缩减以致消失，国营窑业兴起，土窑渐渐没落。2005 年 4 月沈家窑被列为第五批省级文物保护单位，是干窑窑文化的标志和浙江省手工业作坊的历史性代表。2009 年，京砖烧制技艺被列入浙江省非遗普查十大新发现之一，跻身省级非物质文化遗产名录。2010 年后，仅剩的 5 座土窑墩成为"活遗址"，仍在日夜燃烧。

它们的燃烧，也许也象征着一种民俗之火的不熄，为当下心灵疲惫的都市人，提供一种回望过去的可能性。当我们带着虔诚的心情，隐入尘烟，重新体会到自然的神性时，传统才可能复活，善意也会回归。人们从自我认同回归到人与自然、自己与传统的再认同，就意味着"高度现代性"的文明开始回过头去与大地、诸神、传统和解了。

目录
CONTENTS

窑体中的民俗
智慧：凝聚天地人
的『和合』之气

来到治本村沈家窑是在 2022 年 6 月的一天，江南的梅雨季节，湿热的空气裹着一股木炭烧制后的烟火味。从远处就可以看到两个窑墩身上插着两根黛色的烟囱，如同双子塔一般。沈家窑周围水系发达，被长生塘、姜家浜、秀才浜等河道包围。

河是水乡的命脉，农家临水而居，集镇临水而建，窑也临水而建。烧窑需要大量水，临水而建就便于取水；烧窑也容易引起火患，取水容易也就有利于克服火患；烧窑的泥坯需要通过水路运来，烧制好的砖瓦也需要通过水路运出去，所以，临水建窑有利于运输。实用性正是窑鲜明民俗特征的一个体现。

当地人会习惯性地把窑称为"窑墩头"或者"干窑大包子"，从外形上看，的确是形象的。在明代的《天工开物》上留存有两张京砖制作的图，明代的京砖窑像一个半圆形的土包，只有两个人的身高，既不高大，也不雄伟壮观。但是整个形状与现代干窑流行的土窑差距不大。每个窑都与窑屋连在一起，这是窑的又一民俗特征。每一座窑都有一间很大的窑屋，一头连着窑，而且必然是连着窑的火门，两侧是空无遮拦的进出口。窑屋既是窑工烧窑操作之处，也是窑工休息的地方，还是存放泥坯、工具、杂物的场所。

始建于道光年间、距今已经有两百多年历史的沈家窑，其造型在诸多土窑中，可算是比较别致的，这也是令沈家窑第六代窑主沈刚颇感自豪的一点，"我们家的这种窑体叫和合窑。"从实用性角度来说，和合窑是两窑连在一起，合用一间窑屋、一架砖梯，建筑时省了土地，省了材料，省了资金，

图 2　沈家窑第六代传承人沈刚（朱骏摄）。

图 3　沈家窑（图片出自《嘉兴日报·江南周末》2021 年 7 月 23 日第 12 版，由沈海涛供图）。

在实际烧窑时，一窑的余温可以被另一窑利用，省了预热的燃料。

在中国人的传统审美中，"成双成对""好事成双""和和美美"都是一种吉利祥和的预兆，因而以"双"之形态存世的沈家窑也寄托着劳动人民希望后世子孙和睦共处的美好期待，这也是蕴含在"和合"二字之中的民俗智慧。

和合两字最早见于甲骨文和金文中，"和"，原义是声音相应的意思，后来演化为和谐、和平、和睦、和善等。"合"，原义是指上下嘴唇合拢的意思，后来演化为汇合、结合、合作、凝聚等。

到了春秋时期，和合两字开始连用，"和合"成为一个整体概念。秦汉以来，和合概念被普遍运用。和合思想产生以来，作为对普遍的文化现象本质的概括，始终贯穿在中国文化发展史上各个时代、各家各派之中，而成为中国文化的精髓和被普遍认同的人文精神。

旧时浙南，民间举行婚礼，喜挂置"和合像"，祈求夫妇百年和合之好。现时一般人家平时也喜在家中厅堂挂和合图，或摆设有和合图案的刺绣、雕刻等饰品，以祈求和气生财。

和合神，即"万回"。《太平广记》言万回仅一人。宋代杭州一带腊月必祭万回神，因祭之可使万里外的亲人平平安安地返回家乡，故习称为万回神。他的形象蓬头笑面，身着绿衣，左手擎鼓，右手执棒。自清代始，和合神变为"和""合"二神。清雍正十年（1733），封浙江天台山高僧寒山为"和圣"、拾得为"合圣"。以后的"和合图"就成为二仙，蓬头笑脸，一位仙人捋荷花，另一位仙人捧圆盒，盒内盛满珠宝，并飞起一只蝙蝠。在这里，荷、盒是谐音手法，荷谐音"和"，盒谐音"合"；珠宝是象征手法，表示"福"（蝠）气临（飞）门。所以，和合图也即比喻夫妻和谐，鱼水相得，福禄无穷，所谓"家和万事兴"（民间亦称"一团和气"）。

和合文化基本内涵从"和"与"合"字面上就可以体现出来，主要有两个方面：一是承认各个事物各不相同，比如阴阳、天人、男女、父子、上下等，相互不同；二是把不同的事物有机地合为一体，如阴阳和合、天人合一、五行和合等。和合范畴显然比一般性地提和平、和谐或合作、联合内涵更为丰富，外延更为广泛，层次也更深入。之于当代，"和合"最为显现的定义就是"和谐"二字，只有重视和与合的价值，保持完满的和谐，万物才能顺利发展。

在此不禁想到，烧窑成砖之事，也可说是无不体现了"和合"二字的重要性与智慧。在干窑，做砖坯的一般是女子，烧窑工为男子；烧窑需要大伙、二伙、三伙齐力配合，上下协作；窑户要善待烧窑工，窑工干活才有劲道……说到五行和合，则会发现烧窑本身就需要集齐"五行"元素。五行是中国古代有关宇宙万物属性及其变化规律的哲学范畴，具体指金、木、水、火、土五种物质。古代思想家认为，这五种基本物质构成了世间万物，是世界的起源。

在老窑工的记忆中，在烧窑的物质准备上，就要与"水、木、金、土、火"相对应，窑旁放一只水桶象征"水"，窑棚屋用木柱，象征"木"，黄纸包放在泥里象征"金"，泥坯本身就是"土"，烧窑自然要用火，"火"是不缺的。"五行"全了，窑就烧得好。

而更进一步分析，金（空气）、木（柴火、煤）、水（担水浇砖）、火（烧制过程）、土（砖坯），只有五种元素达到最佳配比状态，窑才能烧出好砖瓦，这也许就是"和合"的完美体现。如此想来，每一块经过淬炼而成的砖，其身上都凝聚着天地人的"和合"之气。我们的先人在低头辛勤劳作之时，也一定经常仰望星空，然后将智慧融入劳动技能中，代代相传，民俗也许就是一种密码。

砖瓦民俗：
水乡屋脊上
的吉祥物们

一

在西塘的江南瓦当陈列馆中，可以看到由已故陈列馆馆主、前嘉善收藏家协会副会长董纪法先生收藏的千姿百态的干窑砖瓦。在2006年的一则采访中，董先生是这样介绍的：

"福禄寿三星砖"是先泥坯做好刻出来的，用于大户人家的仪门上。"平升三级砖"是一只瓶三把剑。"双狮嬉球砖"是两只舞动的狮子，中间是绣球。"草花盘龙砖"，有一条龙，用于大户仪门，都是干窑出产的。这些都是在泥坯上刻出图案来的花色砖。

图4　双狮嬉球砖雕（董纪法藏、金身强摄）。

还有一些特殊的砖，如"镇宅砖""青龙砖"，都是在又大又厚的砖上刻上字。青龙镇宅，压邪的，先"青龙"，后"镇宅"。

还有"哺鸡砖""龙砖""寿星砖""床角砖""坟砖"等。"坟砖"的角是有配套的，如榫头。"寿星砖"有老寿星人物像。

瓦中还有筒瓦、脊瓦。老脊瓦，是在干窑镇乌桥头发现的，原来用在关帝庙上。老脊瓦背面有□纹，新中国成立后就不生产了。筒瓦多用在庙里的□□上有望天兽的，用在宫殿上，一般为6只。真是□□八门，千姿万态。

在砖上雕刻吉□□案，这是砖瓦民俗性形成的重要体现。吉祥图案的□□，大概可以追溯到先秦时期，《左传》记载了"铸□□□"，把一些妖魔鬼怪的形象或者名字铸造在青铜器上，"百物为之备，使民知神奸"，让人们记住这些妖怪，并以此控制他们。这一时期，人们对图的崇拜，往往是出于敬畏，是为了避免灾害。先秦时期是一个从图到文字的过程，有学者研究，《山海经》其实就是一本巫师的工作手册，上面记载了许多妖怪的名字，并且详细描述了其形象，为人们如何避开危害，或者从妖怪那里获得帮助，或者祈求保佑提供了操作说明。

从汉代开始，吉祥文化又进入一个从文字转换为图像的时代，人们根据各种神仙方术的传说，在砖瓦等载体上绘制了各种用于辟邪或者祈福的图像。魏晋南北朝时期，随着佛、道二教的兴盛，龙虎、翔鹤、生肖及神人、神话传说成为吉祥图案的素材。唐代流行贴门神，也出现了连理枝、同心结等吉祥图案。宋元时期，吉祥图案以珍花异草、祥禽瑞兽为主题。到了明清时期，对吉祥图案的推崇达到了高潮，这一时期"图必有意，意必吉祥"，除了保有传统中对四灵、神仙、佛陀等图画的崇拜外，又生成了诸多脱离了宗教信仰、寄寓世俗美好祝愿的吉祥图案。

屋脊是屋顶相对的斜坡或相对的两边之间顶端的交汇线，反映了一个民族的政治与经济、哲学与艺术、伦理与宗教等意识形态，不仅是中国传统建筑不可缺少的构件之一，也是屋顶装饰的重点部位，更是砖瓦吉祥图案的"展示区"。

嘉兴是马家浜文化发祥地，在远古时期人们就开始针对"吉祥""丰收"等民俗文化进行相应的图案创作，传统民居在屋脊上对民俗文化的表现手法主要有象征、寓意和谐音三种。

一是象征。莲花象征纯洁、牡丹象征富丽华贵、松柏象征长寿、香炉花瓶象征平安。

二是寓意，即借物言意。宋代苏东坡的《宝绘堂记》中就有"君子可以寓意于物，而不可以留意于物"的论述，意为寄托或蕴含意旨。

三是谐音。在中国民间，谐音和吉利话的结合更加广泛和普遍。这种方式也用在屋脊艺术表现上。在屋脊的脊首上用砖块雕刻成花瓶，并在花瓶内插三支戟，谐音"平升三级"。民俗吉祥图案与中国传统文化是密不可分、互为表里的。用一些独特的造型手法表达了祈福纳祥的愿望和对美好生活的追求，它不仅是地方民俗文化在民居建筑装饰上的反映，更是一种综合文化在民居建筑装饰上的反映。

二

———

　　嘉兴地处长江三角洲，交通便利，南北文化在此交融。由于多元文化的交流与融合，伴随历史的变迁与发展，嘉兴民居的屋脊样式和造型特征在保留其浙北嘉兴水乡传统特色基础上又有变化与发展，造型特征丰富多样、屋脊装饰丰富多变。这些都与嘉兴地区的民俗文化和儒释道文化密不可分。

　　《汉书》记载："越巫请以鸥尾厌水灾。今鸥尾，即此鱼尾也"，说明古代越国对屋脊都进行鸥尾形态的装饰，以此寓意防火。屋脊高于屋面，人们一般对其进行各种各样的装饰。屋脊上的吻兽，以螭吻的形象（龙之子，传说能生水灭火）装饰，如嘉兴血印寺、平湖莫氏庄园等大量建筑中都有。但民居的屋脊一般不使用鸥尾龙吻等高规格脊饰，多为"清水脊"。

　　嘉兴传统民居的屋脊通常为不带吻兽的"小式"屋脊，如西塘、乌镇等古镇民居的屋脊几乎都是最简单的清水脊形式，但是一些戏台、寺院等重要建筑会使用吻兽屋脊，尤其是乌镇戏台的屋脊可以说是精美绝伦，是嘉兴水乡民居屋脊的典型代表。嘉兴传统建筑屋脊的脊翼造型优美、变化多端，大致可分为哺鸡脊、哺龙脊、纹头脊、雌毛脊和花冠脊五种，这些基于民居正脊两端的脊饰统称为"屋脊头"。

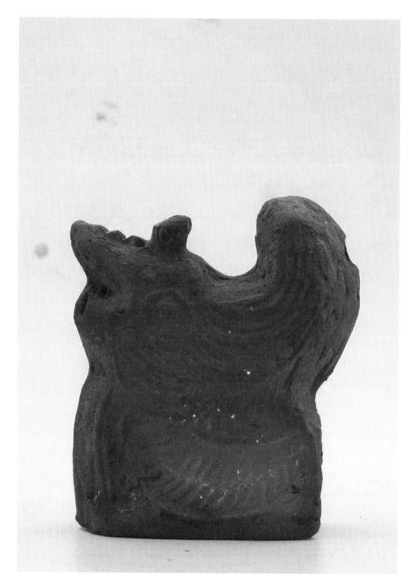

图5　哺鸡（董
纪法藏、江春辉
摄）。

012

哺鸡脊用于厅堂，攀脊之上砌滚筒，因此屋脊略高于民房屋脊。哺鸡脊一般是在正脊两端装饰鸡状物，根据鸡的形象有开口哺鸡和闭口哺鸡之别。哺鸡的制作要求形象古朴、抽象，鸡嘴、嫩瓦头在同一条垂直线上。哺鸡砖必定砌在做官人家的屋脊上，尾巴还有正反之别。普通人家是不能使用哺鸡砖的，否则会被称为"草棚上装哺鸡"。

哺龙脊高于哺鸡脊，多用于庙宇厅堂或殿庭，属于高规格屋脊。

纹头脊是在屋脊的两端以回纹、乱纹为图案装饰，要求纹头自攀脊起，其底部外棱角呈45°。纹头脊与嫩瓦头平齐。纹头脊与甘蔗脊多用于民房和围墙顶部，两者不同的是纹头脊在筑脊方面是钩子头。

雌毛脊用于民房，因两端翘起，故需将两端攀脊垫高，做钩子头。雌毛脊须用铁扁担起翘，脊端用灰塑做成鹰嘴式装饰。

花冠脊是嘉兴地区与江南其他地区的不同之处，整个脊翼呈现出一朵美丽的花冠状，也许是受到水乡传统文化的影响而产生了这种类型的脊翼形式。

屋顶是中国建筑最富表现力的部分，屋脊的反宇[1]曲线总让人陶醉，反映了中国的建筑文化，同时也是中国儒释道哲学思想在建筑中的体现。《易经·系辞》是儒家的哲学思想基石，其中有"上古穴居而野处，后世圣人易之以宫室，上栋

1　屋檐向外微伸，微微翘起，称为"反宇"。

下宇，以待风雨，盖取诸《大壮》，老子《道德经》对建筑空间的描述是"三十辐共一毂，当其无，有车之用。埏埴以为器，当其无，有器之用。凿户牖以为室，当其无，有室之用。故有之以为利，无之以为用"，佛教的"一花一世界、一木一浮生""一花一叶一如来，一佛一刹一报土"等思想都对中国传统建筑有着深远的影响。

嘉兴古民居屋脊的造型和装饰从侧面映射出儒释道文化的浸染和影响。其屋脊上雕绘有珍珠、如意、植物、神仙等图案装饰，如乌镇古戏台运用"瓦将军"来镇风。屋脊也受到"礼制"的影响，嘉兴普通民居的屋脊就没有曲线，而是一条直线，过于简单。同时也受到佛教的影响，嘉兴传统民居清水脊的脊翼上的卷草纹样就是佛教文化的体现；传统民居屋脊、山墙有的用莲花装饰，有的用如意纹样、暗八仙葫芦等纹样进行装饰。如意象征万事如意，莲花象征纯洁，所谓"莲花藏世界"，其寓意对美好生活的向往和高尚人格的追求。嘉兴地处江南，雨水比较充沛，因此传统建筑中的屋顶曲线弧度就比北方大些，其天际线犹如展翅高飞的鸟翼，给人以美的视觉享受，符合中国人天人合一的思想。

在此地域文化氛围中出品的干窑砖瓦，不仅传播了古老建筑文化和再现了劳动人民的智慧，也使得人们对嘉兴江南古建筑文化有了更广泛和深刻的了解。

屋檐最前端的一片瓦上图案的名堂

一

　　瓦当，乃屋檐最前端的一片瓦，瓦面上常常带有花纹或文字的装饰性的圆形或半圆形图案，是我国古代建筑物中独有的既具实用功能又极富艺术审美特色的装饰构件。就其历史发展而言，瓦当早在西周时期已有使用，到秦汉则臻至极盛。嘉善干窑瓦当，历史悠久，文化底蕴深厚，始建于南宋位于嘉善魏塘镇东门大胜寺的泗洲塔下出土过干窑的瓦当，雄辩地说明干窑瓦当生产历史的久远。

　　瓦当的使用，可以使屋檐椽头免受日晒雨淋，延长建筑物寿命，并且瓦当上美妙生动的图案与文字，能起到装饰和美化建筑物的艺术效果。瓦当是实用与美观相结合的产物，为我国古代建筑不可缺少的组成部分。瓦当在中国民间运用十分广泛，是民间图案的一个重要种类。干窑瓦当的纹样具有以下特点：题材广泛，纹饰丰富多彩，具有祈祥纳福的象征意义和颂扬伦理道德、体现幽默趣味的功能；其寓意和联想能引起民众共鸣；与江南的民俗活动相联系，富有江南地方特色。

屋檐最前端的一片瓦上图案的名堂

图 6　泗洲塔
（金身强提供）。

二

六月的沈家窑后院，紫阳花开得热闹。在一片繁花簇拥中，古朴而花纹多样的瓦当散放其间，除了人面瓦当，还属寿字和蜘蛛图案的瓦当最多。"蜘蛛（瓦当）最受欢迎，老百姓用得最多。"干窑沈家窑第五代传承人沈步云说道。

在干窑生产的瓦当中，蜘蛛瓦当有退隐之意，曾被嘉善县魏塘镇的明代宰相钱士升运用在府第建筑上，表达了钱士

图7 沈步云（左）和沈刚（右）（朱骏摄）。

升退隐故里的心情。元代《金楼子》载："楚国龚舍，初随楚王朝，宿未央宫，见蜘蛛焉。有赤蜘蛛大如栗，四面紫罗网，有虫触之而死者，退而不能得出焉。舍乃叹曰：'吾生亦如是耳。仕宦者人之罗网也，岂可淹岁。'于是挂冠而退。时人笑之，谓舍为蜘蛛之隐。"但是老百姓选择用蜘蛛图案，多是取其"喜从天降"的寓意。

走进位于西塘的江南瓦当陈列馆。馆中展出的 3000 多件瓦当中，唐代的兽面瓦当、明代的暗八仙瓦当、清代的梅寿扇形瓦当，应有尽有。它们造型各异，风姿迥然，方的、圆的、扇形的，图案精致，栩栩如生。事实上，形形色色的干窑瓦当各自都寄寓了一定的内涵。江南居民使用瓦当，有的根据当地习俗、有的根据主人喜好、有的根据宅院规模，各有各的讲究，但均反映出人们对美好生活的追求。

图 8 "喜从天降"花边瓦（董纪法藏、金身强摄）。

三

———

干窑瓦当的纹样造型总体来讲重"传神"轻"写实"，题材广泛，纹饰内容丰富，主要纹样有植物、动物、几何图案、文字等，造型讲究、结构严谨，同时受江南民间传统美术观念和剪纸艺术的影响，纹样造型古朴生动、精美大方。主要造型可大致分为以下四类。

植物类瓦当：以植物为素材组织而成，是传统纹样的一个类属。在瓦当上常见的样式有莲花纹、菊花纹、石榴纹、缠枝藤蔓纹等，还有一类江南水乡特有的，如莲藕、江南菱、葫芦等。这些植物纹样图案精美、风格独特、富有吉祥意义。在嘉善西塘瓦当陈列馆中就陈列了一个宋代的莲花瓦当，整体构图饱满，采用正视构图，中心为凸起的莲房，莲房外围向四周伸展出宽肥莲瓣，以十瓣左右为多，在相邻两瓣尖之间，又伸出叠压在下层的莲瓣尖，莲纹之外，围绕宽沿，莲实饱满，具有浓郁的装饰意趣。

动物类瓦当：以形寓意的动物纹样在瓦当装饰上主要有青龙、白虎、朱雀、玄武、蝙蝠、兽面纹等，多为中国传统富有吉祥寓意的动物。嘉善干窑生产的瓦当中，有很多关于龙的图腾瓦当，目前发掘的有清代的双龙戏珠瓦当、双龙祝寿瓦当等，是我国古代文化心态的典型反映，具有多重含义，首先反映了人们的图腾理念、等级观念，其次表达了人们纳祥祈福的美好心愿。

文字类瓦当：文字瓦当的出现与汉字的演化相关联。文字瓦当分标名类和吉祥语类两大类别。标名类是在瓦当上写明建筑物的名称，即宫殿、官署、陵园之名，如"上林""蕲年宫当"。吉祥语类是通过瓦当表达人们祈祷吉祥的愿望，如"延年益寿""长乐无极"等。文字瓦当是非常重要的史证资料，对研究建筑史和文字演变史均有很高的价值。在干窑瓦当中，清代有"福、禄、寿、喜"等字样；到了太平天国，有"天下太平"等字样；北伐时，则有"成功革命史"等字样。

图9 植物类瓦当（金身强藏）。

图 10　动物类瓦
当（金身强藏）。

图 11　"寿"字
纹瓦当（董纪法
旧藏、杭斌军
摄）。

其他类型瓦当：在嘉善周边还发掘了一些比较有特色的瓦当。如长剑瓦当、暗八仙瓦当等，尤其是人面瓦当，这种瓦当在整个瓦当历史中都属于比较特别的，采用抽象的表现手法，线条简练、构图饱满，整个画面给人朴素、清新之感。

四

——————

　　干窑瓦当制作精美，纹饰内容丰富，图案栩栩如生，显示了强烈的艺术性。同时，委婉隐喻的表意使其呈现了丰富多样的民俗特征。具体来说，干窑瓦当的民俗特征体现了以下表象意义。

　　象征手法：根据事物之间的某种联系，提取生活和自然中事物的形状、色彩和个性，用以表现某种抽象的概念、思想和情感，象征性地表示一定的信仰。取莲花洁净的外貌和出淤泥而不染的品性来象征纯洁，万古长青的松柏、食之延年的灵芝象征长寿等。嘉善瓦当的吉祥图案中有清中期的"四蝠祝寿"（四只蝙蝠围绕寿字）的纹图。整个画面呈倒三角形构图，寿字周边还有祥云，寓意吉祥如意。

　　寓意手法：借物言意，主题多是惩恶扬善，多充满智慧哲理。在嘉善干窑的瓦当里，有一种瓦当图案是一对凤鸟迎着太阳比翼双飞，称为"双凤朝阳"，寓意对美好幸福生活的追求。

　　谐音手法：用同音或近音字来代替本字，产生辞趣。在

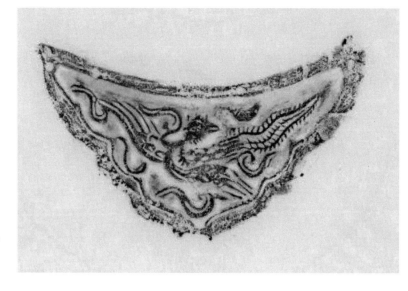

图12 清"丹凤
朝阳"瓦当拓片
（金身强提供）。

中国民间，谐音和吉利话的结合更为广泛和普遍。这种方式也用在瓦当艺术表现上。"喜上梅梢"瓦当，以喜鹊的喜同音，梅与眉近音，表示"喜上眉梢"。

比拟手法：运用拟人化或拟物化的手法，表意事物，纳福祈吉。干窑的长剑瓦当比拟"斩尽天下不平事"，据传说，杨王老爷为民除害，但被奸贼严嵩以莫须有的罪名追捕，最终自尽身亡。有个叫阿明的窑工听到这个故事后十分感动，为此刻制了一张瓦当模子：一把长剑，寓意是长剑斩尽天下不平事。这张瓦当被烧制出来后，受到了顾客的喜欢，因为老百姓都希望斩尽天下不平事。

表号手法：用约定俗成的象征性图案或纹图来表示一定的意义，从而成为"约定俗成"的符号系统，如用鸟表示日，用蝙蝠表示"福气临门"。

一枚枚瓦当就像一面面镜子，汇聚了古代文明成果，可谓方寸之间、气象万千，实为中国古建筑独特风格中不可分割的重要组成部分。干窑瓦当纹饰有鲜明的民间艺术特征，是探讨古代浙江的一类珍贵资料。同时这些瓦当构件为研究嘉善不同时期的建筑装饰工艺、书法艺术以及当时人们的审美和道德观念提供了重要的实物资料。

人面瓦当的
前世今生

一

2022年6月的毕业季，来自干窑镇幼儿园的小小毕业生们来到沈家窑，老师告诉他们，今天要动手制作一个特别有意义的纪念品，作为送给自己的毕业礼物。孩子们好奇地打量起这个长得有点像饺子形状的"泥塑品"——有着福气满满的笑眼，一个喜感的大鼻子，还有咧开的大嘴巴，周围还刻着好像散发光芒的线条，真是个让人一看到就心生欢喜的"家伙"啊！卡通的形象酷似爸爸妈妈手机里的聊天"表情包"，那它到底是什么呢？

图13　清代人面瓦当（董纪法旧藏、金身强摄）。

沈家窑第六代传承人沈刚告诉孩子们，这"家伙"的大名叫"人面瓦当"。那瓦当又是什么呢？孩子们好奇地追问道。

"古时候，人们造房子时候屋檐上的椽子都是出头的，天长日久，在日晒雨淋下总是首先烂掉。后来，能工巧匠们在瓦下面加上一道花边，保护屋檐椽子与瓦的完整。等花边配上去后，很美观，于是大家在建房时都使用这种既能遮风挡雨又能起到美观作用的花边瓦了。后来称为瓦当，也许这就是瓦当的来历。"从小生活在城市里的孩子们虽然听得有点懵懵懂懂，但是依然对手里的这个"泥饺子"爱不释手，沈刚深知孩子的心性，告诉他们："这个瓦当图案是不是像个吉祥物啊，它放在家里就是告诉你们，长大后要记得常回家看看。它就在家里笑眯眯地等着你。"孩子们欢呼起来，笑闹着说要赶紧动手做一块属于自己的"人面瓦当"，带回家给爸爸妈妈看。

取"人面瓦当"人见人爱的图案特点，以及美好的寓意，将其打造成"窑"文化推广中的民俗吉祥物是沈刚颇为满意的创新之举。"必须要先喜欢上一样事物，才会想去了解它、亲近它、传承它。"

人面瓦当在过去的岁月中被赋予的寓意是"镇宅保平安"。沈刚的父亲沈步云说："这个主要是守家用的，比如说我到外面去了，它在家里看守着，如果有别人过来，它就看着，驱赶不祥的意思。"

选择"人面"这个元素成为干窑瓦当的"颜值担当"是

图 14 千窑人
面瓦当（章达美
摄）。

一步妙棋。如果让小朋友来画一个人，对身体他们可能只是
用提示性的线条和轮廓来展示，而面部则会被重点突出，描
绘得很清晰。即使在最基础的描绘中，头部也会被画得很大，
面朝前方。它的轮廓线条分明，上面还有一圈头发，眼睛、
眉毛和嘴是最具动态的容貌特征，也是描绘的重点，因为其
能传达能量，刻画出生动的表情，无论是睁大眼睛、张大嘴
巴、做鬼脸，还是咧嘴一笑，简单的面部表情便可传递出一
个强有力的信息：我在这里，我是人类。虽然和身体的其他
部分相比，面部只占很小一部分——仅仅是从前额到下巴尖
这么大，然而，面部器官在人类感受世界的过程中却扮演着
重要的角色。

　　事实上，在很多文化中，一个人的脸代表了一切。人类
的脸是艺术史上最强大、最永恒的主题。无论什么时期，无

图 15 人 面 瓦
当模具（章达美
摄）。

论哪种文化，无论使用什么模式和媒介，无论想表达什么信息，对人脸的描绘在艺术中都具有固有的重要意义。不管是历史上某个著名人物栩栩如生的画像、脸上某个五官的特写，还是两点和一条弧线加个圆圈画的笑脸，我们都会对其产生熟悉感和认同感，产生与和它们的联系、共鸣和跨文化理解。在不同的文化和历史语境中，对人脸的描绘承载着民族身份和精神信仰的本质。

二

据考古资料，西周时代已知制瓦，但尚无瓦当出现，东周时出现了半瓦当，瓦当呈半圆形。瓦当既可以保护屋檐椽子，又可以起到装饰美化效果，历两千多年不废。而在西汉后，半瓦当逐渐被圆形瓦当所取代。明清出现了滴水瓦、勾头瓦等。

地处江南富庶之地的嘉善干窑，其瓦当文化反映了各代江南人民在美术、书法、雕塑、建筑等方面的辉煌高超成就。干窑瓦当是江南瓦当的代表和精华所在，而人面瓦当是其中极具江南六朝特色的瓦当品种。

人面形花纹装饰，最早见于新石器的半坡型彩陶上，由几何图形构成，艺术而写实地体现了先民的尊容。在青铜器纹饰中，人面纹是一种半人半兽的怪神，有的仅有面部，有的还有兽的身躯，面部虽作人形，但还包含兽类的特点，如头上长角，口中有獠牙，这种人面纹在商代中晚期的器物上出现较多。人面兽体纹盛行于商代晚期，以后各时代也有少量发现。最具代表性的人面纹青铜器是商晚期的禾大方鼎，腹部四壁的人面纹，头上有角，两旁还有爪子，神态威严祥和，透着一股诡秘感。然而汉末至六朝，特别是六朝的江南瓦当上也出现了形态各异、奇特诡秘的人面纹，是人面纹的又一次神秘大显现和人面文化的风行。

人面瓦当是一种罕见的瓦当类型。目前所知在整个魏晋南北朝时期，尽管十六国和北魏时期曾出现过类似人面纹的半月形面砖或建筑装饰品，但作为瓦当类型，它仅见于东吴时代的首都建业和东吴境内一些城市。人面瓦当虽然出土数量不多，但品类很丰富，宛如一张张千余年前生动的脸庞，展现在今人面前，令人不忍释手且颇费思索。这些表情复杂的人面装饰瓦件在殿宇的檐下，其含义是什么？是单纯的审美要求还是表达一种特殊的宗教功能？

而国外在古代也有出现过人面瓦当，韩国古新罗国遗存中发现了人面瓦当，在越南北部和南部的城址考古中发现了人面瓦当。为什么用人面瓦当，人面瓦当的文化含义是什么，人面瓦当作何用途，国外古代像韩国、日本、东南亚等国为什么会出现人面瓦当，国外人面瓦当和江南地区六朝人面瓦当有何关系，六朝为什么风行人面瓦当，青铜器上的人面和人面瓦当有何关联等，都是很值得探讨的问题。

三

收藏家刘健平研究认为，"人面瓦当和宗教信仰有密切关系，和古代的傩文化有关"。上古时期流行于湖南、贵州等百越、楚地的傩面具，共同特点是两眼有深陷的眼窝，隆鼻，阔嘴，其壮勇猛其性拙朴。傩是一种古老的文化现象，不仅出现在中国大部分地区，而且在日本、东南亚也曾出现过。殷商时期的南蛮、百越的先民，对雷、雨、日、月自然现象所带来的灾祸无法认识、无法抗拒，就幻想有一种如傩的神灵能驱灾降福，于是就将傩作为图腾崇拜。这颇符合东汉学者班固在《汉书·地理志》中所说"楚人信巫鬼，重淫祀"的心态特点。所以"傩"作为一种文化现象，便应运而生了。如此一来，许多问题似乎都有了答案，盛行于商代晚期青铜器上的人面纹，齐国瓦当上的人面纹，六朝瓦当上的人面纹，以及日本、朝鲜、越南和东南亚各国考古所见瓦当上的人面纹，无不和盛行的"傩"文化相关联。四方各地均有人面纹的闪现，其或多或少都受到傩文化的影响。这也是一种文化的延续、传承和传播。当然均含有"辟邪""祈福"等功能。

六朝时，出现了独特风格、更具特色、品类丰富的人面瓦当，并在江南风行一时。人面瓦当正是人们祈求"神人"保佑、辟邪消灾、降福平安的综合体现。所以出现了一种神化的半人半兽的人面瓦当，以及一种世俗化的人面瓦当。

似人面又似兽面的瓦当，有人认为是人面瓦当，有人认为是兽面瓦当，颇具争议，而现在业界普遍认为是延续青铜器的饰纹，是半人半兽的神怪，属人面范畴。这和商代晚期青铜器上表现的人面兽体纹装饰颇为相似。此种半人半兽型人面瓦当，较常见，嘉善干窑的此类瓦当图案多为虎脸与猫脸。

还有一种为完全人面瓦当。此种瓦当完全是人面造型，无獠牙、爪子等兽型装饰，或喜或悲或愤怒或平和，宛如一张张千余年前生动的脸庞，从宗教化的半人半兽模式中脱颖而出，形成了独树一帜的风格。

完全人面瓦当更多的是一种神亲近世俗的体现，在世俗状态中更见神的威严和亲近。似人面纹又似兽面纹瓦当更多地表达了神圣和威严，既是一种震慑，又是一种神高高在上的姿态。世俗化的人面瓦当更接近千年前古人的面相。六朝时江南士大夫阶级鼎盛，而完全人面瓦当正是江南士大夫的审美典范，并且相当于门神镇威辟邪，这就是文章开头沈步云说的，"它在家里看守着"的意思。

完全人面瓦当正是图腾的"神人"从神化走向现实的较好体现。这正如早期观音像无不透露着浓重宗教严肃、威严的味道，而明朝后的观音像却无不与现实相结合，处处闪现着工匠从民间吸取的智慧，如明清的德化窑白瓷观音像就是其中的代表，是令人感到亲切的一个民间善良、端庄、朴实、充满爱意的慈母形象。所以完全人面瓦当是由似人面纹又似兽面纹瓦当演化而来的一种艺术精华，且融入了民间的脸谱百像，喜、怒、哀、乐尽显于其中，不仅是江南士大夫的审美典范，也是江南制瓦工匠身心和泥瓦相融合的最高艺术体现。

信仰习俗：
瓦将军、六
眼与二老爷

在沈家窑第六代传承人沈刚的办公室里，有一张照片被挂在墙上显眼的地方。照片拍摄于 2012 年，当时的他身着传统服饰，正在虔诚地主持一场祭典。"这是干窑江南文化节时候拍的，正在敬窑神，祭六眼呢。"

　　这场当年在沈家窑举行的仪式，被报道记录在了当年的很多报刊媒体上——

　　锣鼓喧天，编钟齐鸣，身着汉服的祭窑军士列队排开，沿着彩旗飘飘的过道走进仪式的现场，大红色的地毯铺满了整个广场，身着红蓝汉服的两队祭窑军士列队站立两旁，手持鲜花的一对童男童女站在祭窑的中央，十多名身着汉服的女子展示了干窑特色的京砖、滴水窑、瓦筒等。供桌中间放着一个猪头、一只鸡、一条鱼等新鲜的供品，这就是俗称的

图 16　2012 中国·干窑江南文化节"敬窑神·祭六眼"点火仪式（袁培德摄）。

"六眼"，以此对应土窑的"六眼"：窑门、烟囱、顶部加水处、观火洞和窑底部两个洞。

在几声鸣炮之后，司仪沈刚宣告："敬窑神喽！"一名老窑工手捧"窑神"从窑墩里走出，两名窑工师傅则手持"乌泥变宝玉，窑门出黄金"的红色对联紧随其后。沈刚口中高呼："敬窑神，祭六眼，开天辟地传到今！六眼通，窑火旺，清香一支拜窑神！"之后焚香、燃烛、斟酒、叩拜、点火等一系列祭祀步骤一气呵成。

这尊仪式上的"窑神"是沈家窑代代相传下来的，如今被放在后院的陈列室中。神像被塑造成一位将军的形象，这可能就是窑工也会把窑神叫作"瓦将军"的原因。烧窑人家把"瓦将军"供放在家里，或窑边，在窑身上有一个洞，专供放"瓦将军"。每年大年初八开工的时候，干窑的窑工们就会先请一下窑神，据沈刚的大伯，91岁的老窑工沈怡质回忆道，"开工前，在家里请窑神（瓦将军之类的），买块肉，点点香烛，就是仪式了。窑神没有原型，就是一个形象，每户人家不一样的"。

在洪溪镇老窑工许金海的记忆中，每年的祭祀环节也是窑工们的大日子，"过了春节之后，要开窑，请窑路头（窑神的方言说法），香、蜡烛、鸡、肋条肉、白切肉，另外再弄点其他小菜、水果、糕点，作为窑户人家要去拜祭，作揖，放高升炮仗，寓意今年开窑一帆风顺"。

在烧窑时，如果连续几窑烧出来的砖质量不好，就称为烧了"老式窑"，有必要请"窑路头"，驱除鬼怪。请"窑路

图 17 2012 中国·干窑江南文化节"敬窑神·祭六眼"点火仪式（袁培德摄）。

图18 清代窑神
（董纪法旧藏、
金身强摄）。

头"由窑户主持，在窑屋内用土坯搭成桌，上放猪头、挑水桶、水果，点燃香烛和纸元宝。窑户率领男窑工敬拜，女窑工是不准参加的。

干窑窑工所奉之神除了瓦将军形象的窑神外，还有一位女性窑神，名叫姚光。传说她为了使人能有砖瓦盖房，裸体示意如何建窑、装窑、出窑，目的达到后，羞于见人，在正月初五上吊身亡，后人为感谢她，敬奉其为窑神。

窑工祭祀窑神姚光显得比较随意。窑工用泥土烧制一个窑神，面目慈祥，但已看不出是女性。个头也很小，就像一块城砖。平时窑工把窑神放在窑屋里，早晚供上一杯水，过节时，或者烧窑遇到困难时，把窑神请出来，敬到窑门口，供上几样菜，点上香烛拜一拜。

除了窑神，窑工还信奉鲁班、老君、土地公公等。

窑工信奉老君，源于烧窑要用火；信奉土地公公，源于制砖瓦要用土，火和土是窑工生产中所必需的，缺一不可；鲁班是建筑行业祖师爷，也不能不敬。

也许因为鲁班是祖师爷，窑工们在烧窑前必定要祭祀鲁班，仪式也比较庄重。在窑门一侧贴上印有鲁班像的神纸，在窑门前叠几块土坯为桌，放上一个猪头、一只鸡、一条鱼（"六眼"）等供品，还点上香烛，斟上酒。"大伙"率先跪拜，然后依次"二伙""三伙"拜。祭毕，窑工们将供品分而食之。然后点火开始烧窑。

关于窑工"祭六眼"和"祭鲁班"的来历，有这样一个传说[1]。

相传有个高僧叫普安，他收鲁班为徒。一天，普安看到人们没有住处，就派鲁班去造房，但用土打出的墙壁遇到洪水就塌了。普安就去找太上老君出主意。太上老君望着炼丹炉说："火可以克水，地上的土可以用火烧成砖。"普安回去后，就让鲁班按炼丹炉的样子建起了砖窑，把土放进窑内烧。可是，烧着烧着，不是窑火灭，就是浓烟滚滚。这时，鲁班的徒弟泰山对鲁班说：鱼有鱼眼鸡有鸡眼，这窑恐怕也得有眼，有了眼，火力才旺。鲁班一听，连连点头，还是徒弟泰山说得对，就在窑上窑下打了几个洞，名曰眼。果然火力旺了，浓烟也没有了。砖窑烧成功了。于是，用砖来盖房子，让人们居住，并把建窑、烧窑的技术传授给人们。还特地关照：窑要有眼，像鱼、像猪、像鸡一样有眼，有了眼，窑火红。于是，窑工们奉鲁班为祖师爷，在烧窑时要举行"祭六眼"的仪式。

干窑窑工的信仰体系中，除了与行业相关的"窑神"与"鲁班"外，还有着浓郁的本土属性，比如将当地庙会中的主角"二老爷"也奉为信仰对象。旧时在干窑一年中有三次二老爷庙会，分别是农历七月廿五的亭子桥二老爷庙会，为期一天；农历七月十五的庙浜二老爷庙会，为期二天；农历七月廿五的宋家浜二老爷庙会，为期一天。

1 金天麟：《窑乡的文化记忆》，上海文艺出版社，2009，第 152 页。

二老爷的来历，据记载[1]，在当地有这样的民间传说——

在元末时候，爆发了朱元璋率领的农民起义。一天，朱元璋带领几个随从，亲自查看包围姑苏城的路线，直往汾湖而来。汾湖是古代吴越两国交界的一个湖泊，四周比较荒凉。在离汾湖不远、陶庄附近的竺家浜，有一大片竹林，朱元璋等人正要策马穿林而过时，丛林中跳出一只猛虎，朝朱元璋扑过来，朱元璋的马受到惊吓后几乎把他掀翻在地。正在这危急时刻，猛虎突然中箭。丛林中冲出一个骑白马、穿白衣、拿弓箭的年轻猎人，猎人又放了一箭，老虎嘶啸一声扑地而死。朱元璋看得一清二楚，要随从上前去寻问猎人姓名、住址，以便感谢他在难中救急，可是猎人转身便策马消失在丛林中。

当时，朱元璋因军务在身、不便追寻猎人，就急匆匆再次赶路，前去查看地形。他们以汾湖为营地，最终成功夺取了元军围守的姑苏城，为向京都进军打开了通道。后来，朱元璋做了明朝开国帝，他想起了在陶庄遇险时的救命恩人，特地派人前去寻访。可惜那位勇士为救朱元璋而不幸受伤，于次年二月初八去世。朱元璋一道诏书，赐猎人为朱姓，认作弟，追封为朱府英烈侯；为了传扬他的英烈事迹，在竺家浜打虎的地方，建庙宇，塑英烈侯金像，身穿白袍，坐在虎皮上，英俊威武，百姓年年供奉。因为被封为皇弟，百姓叫这座庙宇为二老爷庙，每年二月初八举行庙会，把二老爷的

---

1 《嘉善县干窑镇民间文艺集成资料选本》，1987，第6页。

神像抬到一条大船上，由 13 个青年舞动 13 支桨，在附近河荡中浩浩荡荡游一周，以表达水乡人民对勇士的深切怀念。

二老爷的信仰在嘉善各地很普遍，旧时城乡各地建了不少二老爷庙。窑工信仰二老爷，一方面表达了对勇士的怀念，另一方面也丰富了当地文化生活。

窑工的庙会：那些充满善意的『老爷』们

一

————

　　"善"在嘉善人心中带有深深的宗教情结。《说文》载："善，吉也。从誩，从羊。"羊是吉祥的象征，言是讲话，两者的结合不能不说与祭祀文化有关。古人将羔羊敬献给神祇和祖先，并以舞蹈、唱词祈福，祈求风调雨顺、五谷丰登，这种求"善"的祭祀仪式一直延续至今。

　　嘉善庙会就是集中反映了嘉善人宗教信仰的特殊形式。嘉善的庙会更具有"迎神赛会"的习俗特性。嘉善庙会活动分为两种，一种是祭祀佛祖或神灵生日、祭日那天，人们纷纷到庙宇内进香拜佛，形成商贾聚集、民间文艺荟萃的闹市；另一种是迎神赛会，俗称"出会"，古时称"社赛"，以村坊为社或以氏族为社迎神祭祀。

　　庙会活动不仅带给人们信仰上、情感上、交流上的满足，而且也深刻地表达了"从善""行善""向善"的教义。这种教义还随时随地随人在嘉善的庙会活动中出现，比如民间敬仰以地方神——"老爷"为主，而这"老爷"在嘉善人的心目中就是精神偶像，有着特殊的"善文化"寓意。嘉善百姓供奉的"老爷"，都是一些历史上或传说中造福百姓的官吏、名人；有些"老爷"因救百姓于苦难之中，所以被立庙供奉，历经几百年的民间崇拜和神化，成为地方的尊神。这些偶像在嘉善人心中的地位很高，所表露的文化现象极富传奇色彩，表达了百姓的理想追求，"善文化"的内涵也得到了较好的诠释。嘉善居民世袭的生活风俗与生死、贫富、凶吉、祸福、寿运等观念紧密地联系在一起，弥漫着善意、善心、善居的象征意义，因而受到重视并得以延续。

二

对于嘉善干窑镇的窑工们来说，本身的工作中带有某种"看天吃饭"的神秘特性，因此对于各路神明尤其崇敬。并且热闹有趣的庙会也是平日艰苦工作之余，为数不多地令人放松的娱乐活动，因此从前农历八月廿五，是干窑很热闹的庙会，也是干窑窑工盛大的民俗节日。

让我们首先来熟悉一下庙会中的"男主角"，也就是窑工们的偶像——各位"老爷"们。

西塘、天凝、姚庄都建有东岳庙，当地群众将《封神榜》中的黄飞虎奉为"东岳大帝"，以求生活安宁、五谷丰登。

嘉善人祭祀的"刘王老爷"，不仅是驱蝗的"刘猛将"，也是聪慧过人的神童"刘阿大"，庙里的"刘王老爷"塑像头上都包了一块红头巾。因其聪慧，嘉善一带的人们将初生的幼儿过继给刘王的非常多，并且平时称呼幼儿时在名字前加刘姓，算是刘王的孩子，以免夭折之类的灾祸。

杨王老爷庙坐落在干窑镇的西北面，庙内供奉的"杨王老爷"，名叫杨镇，是一个能文能武的书生。他在看春台戏时，遇到严嵩党羽之子调戏民女，路见不平，挥拳打死恶少，从此亡命天涯，后为使村坊百姓免遭严嵩党羽的残害，毅然饮鸩自尽（杨镇服毒酒死，所以脸黑）。

七老爷庙里供奉的是七老爷，据说明代崇祯年间嘉善一带闹饥荒，饥民累累，当时七老爷督运粮时途经此地，看到饿殍遍地而不忍，决定将粮尽施于民，但他知道私自将粮散发给民众是死罪，于是投雁塔湾河自尽了，百姓为感念这个清官，集资为他盖了一座庙，还在每年农历四月初三举行七老爷庙会，其间会把七老爷的神像抬出庙门，从晚上十一时出发，经过既定的路线，每到一处，都会受到很热烈的欢迎，一路旌旗飘飘，锣鼓震天，鞭炮齐鸣，丝竹悠扬，浩浩荡荡，直到第二天下午，才回到庙中安歇，而后开始演艺活动，连演三天。

三

在农历八月廿五这一天，窑工们会积极参与其中。那一天，人们会用绶带把城隍老爷和杨王老爷迎出来，分别由四个身强力壮的汉子抬着，出去坐台。由于八月廿五正是农闲时节，出来凑热闹的人很多，能把干窑镇河西、河东、北弄等几条街道挤得水泄不通。

庙会期间，主要是老爷出会坐台，其间，人们还会推荐一名德高望重的人做庙头。整个庙会由庙头掌管，负责迎台坐台。

据《嘉善县干窑镇民间文艺集成资料选本》记载，出会的场面很大。老爷在前由人抬着。后面跟着很多化了妆的人。有穿红衣服的"囚徒"，有各种神话、传说中的人物。他们神态各异，惟妙惟肖。其中尤以"扎肉提香"队伍最为醒目，由几个男青年组成，有时也有女子参加。所谓"扎肉提香"，即有的用白银制成似一只小铁锚，或用一块带有孔的特制铜板扎在手臂末端的皮肤里（开始鲜血直流，后逐渐停止）。在小锚或铜板下面挂着一只锡制的香炉，香炉有大有小。看男青年的能耐，也有挂着一只铁锅的人，也有挂着一面锣的人，边迎会边鼓锣。"扎肉提香"在某种意义上体现了小青年的勇敢、身体健康。

很多窑工会直接参加杨王老爷和城隍老爷的出会。窑工在出会的队里尤为显目，一般以窑师傅为代表，面上、额上用黑灰涂黑，头戴开化旧毡帽，身穿百衲衣，腰缠草绳，草绳上挂着一串串铜钿，脚上拖着佣鞋，草绳上的钿被认为是辟邪的，窑师傅每到一处，便扔掉一个，常被一些妇女抢去后挂在小孩身上。

庙会期间，最热闹的是摇快船。这一天，人们一清早就在河西、河东两岸等候，两岸站满了人，摇船的都是青年人，个个生龙活虎。摇船时也动作别具一格：用力扳桨，一直往后扳，扳到自己的屁股沾着水，而后赶紧扳第二橹，急促滑稽的动作吸引了很多看热闹的人。

摇快船的分两行，牵着乘有两个老爷的大木船一直往南划，到长胜桥上岸后，又由人用轿子抬着，到新泾港坐第一台，从新泾港出来，再到姚家浜一坐，而后依次到雪庵（现新桥大队）、杨林庵三板桥龙庄浜、楠木桥一坐，最终到义和升下滩时已是傍晚，等到第二天天亮，城隍老爷由叶家江进庙，其次是杨王老爷。那天，人们就在城隍庙前，搭台看戏。

干窑建镇后，由窑户、商店老板、地方乡绅集资，破格建造（只有县内才有城隍庙）城隍庙，并在庙内建造富有江南特色的砖木结构戏台，取名"奇严台"。每逢阴历八月廿五，城隍老爷出会时，在奇严台会连演三天。逢年过节，也

图 19　摇快船
（蒋彬宽绘）。

摇朋画舫乡多觉子楼

时有戏班子到干窑城隍庙戏台演出。新中国成立后，丁栅乡文工团等曾到干窑奇严台演出歌剧《白毛女》。1951年奇严台被拆除，现为干窑镇中心小学操场。

窑工生活『怪』习俗：在锅子里洗澡

一

————

因为窑内独特的光影效果以及人文感觉，很多来到干窑的摄影师，不约而同地会选择窑工作为拍摄对象。于是我们在《中国国家地理》《世界遗产》《炎黄地理》，以及国内外诸多知名报纸杂志上看到了窑工们充满力量与吃苦耐劳的形象。

在这些照片中，我们可以看到现在的窑工大多穿着便于劳动且耐脏的蓝色劳保服与围裙，男性窑工有时候索性就是打赤膊，有些女性窑工还会戴上白色的防尘棉布帽。但是不管穿上何种衣服，他们几乎都全身被黑色的粉尘所覆盖，只露出明亮的眼睛与雪白的牙齿。在一些照片中，咧嘴而笑的干窑窑工们，都因与环境形成反差的乐观状态，予观者以强烈的视觉感染力。

其实，在早期，窑工们的服饰更为简陋。窑工一般不穿布鞋，而是穿蒲鞋，即脚板上有一块厚厚的"盖脚布"。

蒲草编织的鞋子，属于特种草鞋，有冬季蒲鞋和夏季蒲鞋两种。蒲性清凉，在炎热夏天穿蒲鞋，有清凉、爽快的感觉。冬季专用的蒲鞋，用芦花晒干后搓成花绳嵌于鞋底，外加船形鞋帮，厚实大方，防寒保暖，尤为舒服。蒲鞋流行于江南地区。

窑工的腰上会有一个围裙（嘉善方言称"围身"）。这个围裙由粗稻草绳拴住，稻草采用绞花型编织方式，约有五厘米宽。

"第二天是出窑的日子。凌晨四点赶到窑上，窑工们早已进入窑腹，开始出窑了。在窑洞外搬运的基本上是老年妇女，她们戴着草帽、手套，腰部绑着粗粗的稻草绳，以便搬运时用腰部的力量来减轻双手的压力。小的十几块砖垒成两摞、大的两块砖合抱，她们就这样用双手，从洞口把传递出来的一块块砖，搬运到外面空旷的平地码放好。她们虽然年纪大了，但速度快，手脚麻利，甚至一路小跑着。没有一个人落后，也没有一个人偷懒，搬到外面后又马上返回窑口接下一批砖，一切都是那么忙碌、有序。"[1] 可见粗稻草腰带是起到缓冲保护的作用。

---

1 《京砖窑工：艰难的坚守》，《中国艺术报》2015 年 3 月 27 日。

二

因为烧窑时窑内温度极高，所以早期男窑工身穿一条短裤，头戴一顶破毡帽，大云帽折去边，翻个转来戴。运送泥坯时，男窑工只用一个肚兜，不穿裤子。窑工换衣服时也不避讳。歇工时，窑工在窑屋里换衣，如天冷，女人就在地上燃一堆火，女的添柴，男的换衣。

对于窑工们的穿着，治本村沈家窑第五代传承人沈步云以及原洪溪镇古典建筑材料厂厂长许金海都不约而同地在采访中提到了三个关键点，"遮一下就好了""洗澡换衣不避女人""用锅子洗澡"。

在沈步云的记忆中——

烧窑的人身体素质都蛮好的，当时条件也不好，用稻草做的"盘简"护住身体。原来窑工连裤子也不穿，就前面一块布、下面一块布挡住。天冷天热都这样，遮住就好了，当时可换得衣服也没什么；生活条件差，两块布遮一下就好了。

因为出了窑衣服需要另外换，所以饭都拿进窑墩里吃。冬天换衣服时，弄三个稻草扎成三脚架，这样就可以点火烘衣服了。从窑墩里出来的时候，人是黑的，非常脏，等衣服烘干后，再去洗澡。洗澡我们有个"后廊缸"，就在窑边上，离窑仅有一段路，走出来就能洗。洗澡是用锅子洗的。

84 岁的许金海依然对当年窑内的情境记忆犹新——

女人不能到窑墩里面去，里面是清一色男的，外面搬砖的话女的不要紧，还有呢，窑墩头干活的，女的也好，男的也好，都是年纪大的，没有年轻的姑娘。最早的时候男的不穿裤子的，就拴个围裙。冬天烧窑，男的干活的衣服有一个插腰包裹的，这个衣服是专门用作拆窑装窑的，一般不洗，夏天会洗一洗，冬天就一直穿，反正都是破衣服。冬天换衣裳都在窑里面，女的帮忙烧火，男的换衣服。里面有个叫香火炉，是用来烧柴取暖的。男的就穿一个围裙，短裤不穿也是没关系的，因为年纪大也不太在意。

三

那么用锅子如何洗澡呢？在许金海的讲述中，这个场景既充满了乡村的淳朴，也体现了窑工的洒脱不羁，更是在艰苦环境中对疲劳的一种抚平与安慰。

"洗澡的话，用一只宽1米左右的大锅。砖头搭好后，铁锅直接放在上面，下面烧火，用桶提水放里面，水烧热，窑工们开始洗澡。女的是不洗的，男的衣服脱光就去洗澡，包裹里拿几件衣服换一换。洗澡时抹肥皂，因为脸上都是乌泥赤黑的，将靠肥皂洗，洗得水都腻起来了，但身上还是滑的。有的人就讲'姑娘嫁个卖油郎，夜夜守空房，情愿嫁个出窑郎，夜夜滑堂堂'。还有一个说法，'窑上大姑娘，有吃没看相'什么意思呢？窑上的姑娘面孔漆黑，但是晚上睡觉身上很滑的，这个是土话，文明点就是，窑上大姑娘要洗干净后才看得出来。"

窑工们下工后选择锅浴。锅浴，是一种江南农家沐浴风俗，深得老百姓的喜爱。传说起源于春秋战国，当时群雄并起，战火纷争。江南属国在打仗行军时因冬天在水中洗澡太冷就发明了锅浴，即煮上一大锅水，大家轮流泡热水澡。明沈德符《野获编·兵部·沉惟敬》记载："日必再浴，不设浴锅，但置密室。高设木格，人坐格上，其下炽火，沸汤蒸之，肌热垢浮，令童子擦去。"

锅浴的形状如单眼灶头，用砖砌起，形状四方，高约三尺，筑于偏房下屋的屋角。灶口一面砌起一堵砖墙，使"浴缸"隐于三面墙构成的凹宕内。浴缸为四尺以上口径的生铁锅，备一个木块，呈圆形，俗称"乌龟板"。村民们洗浴前，将锅内水烧热，即可沐浴。当入浴者感觉水温不够热时，就大喊一声"加火"，守在灶口的人就往灶膛里添柴，一小把一小把的稻草点着，塞进灶膛里，把水烧热。洗澡的时候将圆饼状的木块丢在热水里，一只脚迅速把它压到锅底。木板隔开了人和锅底，两脚踩在木板上，整个人蹲在浴锅里，保持不让身体皮肤沾到发烫的铁锅壁。等温度适宜了，撤掉木板，就可以在锅里泡澡了。

窑工饮食：
小菜在老板
娘的橱子里

一

　　如果问起嘉善干窑老一代窑工们对于当年饮食的记忆，他们都会眯着眼睛，嘴角扬起淳朴的微笑，思索一会儿，然后很有底气地回答你，"吃得是蛮好的"。

　　因为窑工的工作环境是非常艰苦的，所以当听说窑工伙食条件还是比较好的时候，是令人有点惊诧的。不过这也从侧面反映出烧窑是一份体力消耗极大的工作，只有吃得饱，才能干得好。所以深谙此道的窑户们，在吃的方面也是尽量不亏待窑工的。

　　当时在窑工中还流传着这么一句俗语，"小菜在老板娘的橱子里，生活在我们的手里面"。很多烧窑师傅吃住都在窑墩，他们会自己带些饭菜，用小锅热着吃。有些客气的老板娘还会将饭菜送到窑墩里给烧窑师傅吃。当时装、出窑工和盘窑师傅是很受人尊敬的，窑户通常会请他们到家里吃上一餐好饭菜。

　　吃饭时，将几个菜放在窑旁的窑屋地上，窑工们用一块砖竖放，代凳坐上。吃时，有尊卑之分，小工、下手不准先吃。装窑时，窑户还给领班一人一根香烟抽，其他的，每人上下午各一个薄饼，中午一块大肉加油豆腐。

91 岁老窑工沈怡质说道："最开始土窑里面，老板烧什么我们吃什么，吃得挺好的，平时有鱼肉，打'进火'时吃得最好，叫吃'进火肉'。打进火就是用小火排潮后，真正开始烧了，需要打进火，进火要窑工更用力了，所以要吃好一点的，平时小菜也挺好的，吃起来还是可以的。"

75 岁老窑工沈步云说道："饭一般都是窑户烧好后拿到窑里面给窑工吃，菜挺好的，有梅菜烧肉、灰鸭蛋、皮蛋等。菜如果冷掉了，窑墩里面还有个小灶头可以热一热，或烧开水什么的。"

图 20　沈怡质老人（杭斌军摄）。

窑火凝珍
瓦当下的俗日子

83岁老窑工许金海说道:"我记得那时吃的菜有咸鲞鱼、螺蛳烧鸡、炖蛋、蛋炖咸鲞,吃肉是很少很少的,有是有的,比如这个窑墩烧得好,老板娘就会烧点红烧肉。我小时候对面窑户人家有一个同年龄的女孩子,我经常到她家去玩,看到他们锅里的红烧肉,烧得很好的。小时候我也很乖,他们要吃了,我就走了,因为我家买不起,看他们吃也不好意思。当时吃红烧肉是非常不得了的,一般是出装窑的时候吃。一只木头做的饭桶,饭都盛在里面的。平时烧窑人少,弄个小饭桶,够三四个人吃,弄只罩篮盖好。"

图 21 许金海
(照片由本人提供)。

二

　　窑工吃的最好的菜称为"蹄子八样头"，即"肉嵌油豆腐、炒蛋、砂锅馄饨鸭、雪菜炒鸡、笋干红烧肉、全鱼、粉丝汤和蹄髈"。这是一年中难得能吃到的，一般是窑户在过年时犒劳窑工时吃的。

　　此外，基于窑内独特的工作环境，窑工的饮食除了本地家常菜外，还形成了不少根据自身需求而研发出来的菜色，风靡至今。砂锅馄饨鸭据说就是明朝中期窑工在实践中自创的一道地方菜。因工作时间长、劳动强度大，流汗又多，于是窑工们就地解决，在窑里炖起了老鸭，但只是鸭肉，吃不饱，便有窑工在煲里加入馄饨，既可以充饥，又补充了营养，一举两得，砂锅馄饨鸭便在窑工中间传开来。

　　到了二十世纪三十年代初，地处窑区的天凝集镇，有家名为"美味斋"的菜馆，经常有窑户和窑工光顾。窑户常与客商在此，边吃边谈生意，酒后还喜欢吃些馄饨之类的。而窑工劳作之余来店里，希望有一种既能下酒，又能充饥的菜肴。美味斋的老板经过仔细琢磨试制，终于做成了砂锅馄饨鸭一道别具风味的佳肴。（1995 年版《嘉善县志》有较为详细

图 22　砂锅馄饨
鸭（薛春梅摄）。

的记录："选肥鸭，除内脏，置入砂锅，旺火煮沸，后改文火。加薄片火肉、蛋皮、香菇、葱段，调味点色，炖透。再将煮熟馄饨入锅上桌，色香味美。"）而后砂锅馄饨鸭成了一道名菜。砂锅馄饨鸭汤汁鲜美醇厚，营养丰富，嘉善不少酒家争相仿制这道菜肴，一时成为风尚。即使到了现今，这道菜也是嘉善不少酒店的风味特色菜肴。

　　由于工作强度大，为了保证体力，窑工们除了正餐之外，还会补充一些点心。窑墩旁也常配有一只煤炉、一只砂锅，窑工一边烧窑，一边铲一些煤放到煤炉里烧饭，据说锅底的饭格外香，这可能也和现在的"煲仔饭"有异曲同工之处。

　　窑工还喜欢吃"面疙瘩"。就是用面粉加水，和成团，揉成一个个长条后，用刀切成一小块一小块，犹如一个个"疙瘩"。放在沸水中煮，同时可放进青菜或腌制后的雪菜。味道鲜美。

许金海回忆童年时称，当年窑工父亲晚上回家时带回的那个麻饼的滋味一直记在心中。"以前看时间都是看天上的星星，因为没有钟，看到东方的启明星，就是三四点钟。天亮了后，他们几个就背着柴火，摆渡到下甸庙去烧窑。天黑之后才回家，小孩子很难得见到自己的父亲。窑户会给父亲上下午各发一个麻饼，他不舍得吃，宁可饿肚子也要带回来分给我和姐姐吃。"

麻饼也是杨庙、干窑这一带的特产之一，早先以元生南货店号出品最佳，民初就享有盛名。元生麻饼"以芝麻、面粉、白糖、猪油、松子、胡桃、瓜子肉为原料，精心制作成 1 斤、0.5 斤、0.1 斤三种样式，烘烤黄而不焦，食之香甜松脆"。

图 23　杨庙麻饼
（金身强提供）。

三

　　窑工还有"吃讲茶"的习俗。一旦窑工之间发生争吵，由领班做主（盘窑大师傅、装窑师傅或烧窑大伙）在茶馆店里与另一方的窑工领班论争，称为"吃讲茶"。在茶馆里喝茶时，也是窑主与买家谈判订购窑货的时机。他们边喝茶边谈条件，一壶茶喝了，订购合同也就定下来了。

　　在窑工爱吃的茶点中，一定要提到"人物云片糕"。这种窑乡特有的云片糕由民国九年（1920）创办的干窑黄永昌茶食店生产。店主黄永济深得祖传技艺，生产的人物云片糕，可谓糕中精品。其配料及制作方法独特，刀工讲究，糕片薄如纸。在每一糕片上都参考了瓦当图案，以各色糖瓜嵌出"和合二仙""刘海耍金钱""百年好合""福寿双全"等图画及字句，色彩鲜艳，人物惟妙惟肖，神态各异，生动逼真。窑工们将此糕作为定亲、结婚、寿辰等喜庆礼品，借糕上好口彩（即吉祥语言）的人物云片以示敬颂之情。此糕别处无法仿制，远销江苏、上海、北京等地，名闻一时。民国三十年（1941），黄永昌茶食店歇业，因后继无人，一度失传。

　　2014 年，干窑镇窑兴路上糕点店的糕点师傅徐忠良"复活"了人物云片糕。徐忠良65岁，他的父亲及祖父都是糕点师傅，他本人也是有着35年糕点制作经验的老师傅。徐忠良说，年轻时，他曾在嘉兴食品厂、干窑义和升食品厂工作过。在那里，从教他制作糕点的师傅口中，徐忠良第一次听说了"人物云片糕"。"他们告诉我，过去，这种糕上有芝麻官这类的人物，还有百年好合等祝福语，但谁也没真正看到过，也说不出是怎么制作的。"徐忠良回忆道，从那时起，他就对"人物云片糕"念念不忘，很想亲手研制。不过，由于忙于生计，他也无暇沉下心做这件事。后来，在干窑镇文化部门的多次上门动员、鼓励下，他才下定了决心，而后成功"复活"了该糕点的制作工艺。

"一条云片糕长约30厘米，如果切成片的话，可以切50片，做一条要花费一天的时间，比普通糕点费时费力好几倍，有时还得看天气情况，天太热、太冷，米粉都会发酵得不好，做出来的云片糕就会不好吃。做这种糕，用到了米粉、芝麻粉、核桃仁，制作时，要一层一层把粉撒到对应的位置上，撒的时候，如果分量、力道、比例拿捏不准，就做不出来人物形象，不是帽子歪了，就是眼睛斜了，甚至所有用料都糊到一块。"正因制作难度相当大，这小小的"人物云片糕"，整整花费了徐忠良6个月的时间，经历多次失败，才得以制作成功。目前，在干窑镇文化部门帮助下，该糕点已成功申报为县级非遗项目。徐忠良也打算将这门手艺传给女儿徐萍。

如果你也想一尝窑工们的美食，那么特附上砂锅馄饨鸭的制作方式，让舌尖上的滋味引领你走过干窑的百年时光。

附：

砂锅馄饨鸭

食材准备

［主料］净老鸭 1250g、馄饨 10 只

［辅调料］蛋皮 10g、竹笋 10g、火腿 10g、香菇 10g、青菜 5 棵、葱 10g、食盐 10g、味精 3g、胡椒粉 3g

［菜品做法］鸡蛋打散摊成蛋皮切丝，火腿肉蒸熟切成丝，香菇煮熟切成丝，青菜心洗净焯水冲凉，待用。老鸭宰杀、褪毛、去内脏、洗净。放入锅中加清水煮沸焯水（去沫、去腥），冲净待用。大号砂锅将老鸭腹部朝上放入，加清水、姜片、料酒上火，先用旺火煮沸 30 分钟后，放入笋尖转小火炖酥。鲜肉馄饨下沸水锅中煮熟捞起倒入老鸭汤中，加入适量的盐、胡椒粉、味精，将蛋皮丝、香菇丝、火腿肉丝放在老鸭上，青菜心倒入鸭汤，撒上葱花，即可食用。

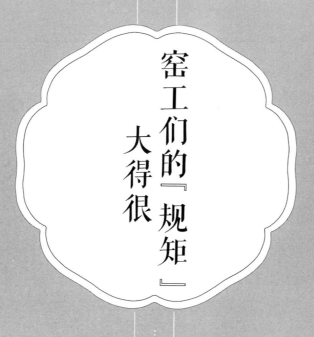

窑工们的『规矩』大得很

一

烧窑是一项依赖丰富的经验的工作，其中蕴含的规则更是神秘。几乎所有的老窑工都会念叨一句话："烧窑规矩大得很。"而这些"规矩"的直接作用是——把窑烧好。

烧窑一般每窑由三人组成，烧窑工分为"大伙"（正伙）、"二伙"（皮伙）和"三伙"（打杂）三人。以"大伙"为主，各司其职，相互配合。"大伙"是技术工，掌握加料加砖的时间和顺序；"二伙"负责烧火添加燃料；"三伙"则在里面帮忙打杂。只有"大伙"可以动"卤"（意为窑的火门上的砖，随着火门上砖的增减，窑工在此掌握火候），"二伙"只能添加燃料；"三伙"是替班，临时代替。他们三人一天分为四班。

其中"大伙"是最吃香的工种，其地位体现在方方面面。"大伙"是不烧开水、不打水的，拉灰、打杂的"三伙"在下班前必须烧好两壶水，才能交班。当时有句谚语：船上"大伙"当驼，窑上"大伙"当"卤"。还有句话：大工只拿铲，"大伙"只"走卤"。装窑和烧窑前，窑户必请窑工们吃一餐，几个菜放在窑旁的窑屋里。用餐时，有尊卑之分，小工、下手不准先吃。

一般普通的工种每天的报酬是以多少升米为单位来计算的，而"大伙"则是以斗来计算的，所以有"烧窑师傅的凳，皇帝的印"这样的说法。2006年11月，金天麟在《窑乡的文化记忆》中对董纪法的采访——

我们小时候捡煤渣，休息时只能坐在地上，或者用几块砖搭张小凳。窑师傅的凳即使老板也不能坐。其实这张凳也就是一般的凳，没有什么特别之处，可是就是那么"严格"。还有，女人不可进窑，否则要烧"红窑"——不吉利。

二

————

　　装窑工、烧窑工、盘窑工都是技术工种，不像做土坯，只要向父母或兄姐学一学就行，必须拜师，由师傅传授技艺。学艺的过程既是成长的过程，也是吃苦的过程。

　　拜师分"门里的""门外的"两种。"门外的"比较简单，不住师傅家，一般年龄比较大，跟着师傅，边干边学。"门里的"正式徒弟，一般年龄较小时就拜师，要有中间保人，向师傅介绍人品、性情。师傅对于学徒的人品特别看重，不怕人笨，主要是防止其日后在行业内名声不好。一旦师傅同意收下这个徒弟，就会选个好日子行拜师礼。

　　91岁的老窑工沈怡质回忆道，他的师傅叫戚福灵（读音），是个脾气很好的人，"教得很好，有耐心"。到了二十世纪六十年代，轮到他自己收徒弟当师傅了，"我最早收的徒弟是吴家荣和许根法。徒弟是别人推荐的，当时小青年没有工作，想烧窑拜师。吴家荣2021年去世了，他是我最好的徒弟，还在做的徒弟就没有了，最早的轮窑都被拆完了。我收徒弟，徒弟先跟着，后面自己练，慢慢就可以独立操作了，徒弟都很尊重师傅"。

拜师时，徒弟一定要带几样东西孝敬师傅。比如，酒，象征长长久久；海带，意思是"带一带"；粉丝，寓意缠绵不绝，暗示师徒俩的感情永远不会出现隔阂。然后，就在窑业祖师爷鲁班像前点烛焚香拜一拜，还要请师傅吃一餐，或者到茶馆里喝茶，以示宣布，某师傅已经收了谁为徒弟。

在过去，学徒的时间一般为三年，尤其是新中国成立前，才进门的小徒弟就像家里的小佣人，扫地、洗衣服、做饭、带小孩等家务活都要做，而学技艺一事反而靠边站了。师傅是不会一开始就教你的。如果师傅一下子教会了你，他自己可能就没有谋生之道了。所以，学艺的过程相当苦。学艺的过程也是学生活、谋生计的过程。烧窑或装窑、盘窑的技艺需要自己领悟，用心观察，用心记忆。"师傅领进门，修行靠自己。"好不容易三年过去了，当学到了一些技艺时学徒对那来之不易的技艺会特别有感情。盘窑工、烧窑的"大伙"往往只会把技艺传给自己的儿子，不传外姓人。

据 83 岁老窑工许金海回忆——

我父亲 1963 年过世，他从小做窑工。十三岁做窑工，一般人都不相信，这么小怎么能做窑工呢？但是因为他是孤儿，没有办法，有人介绍过来，窑户人家要个小孩，帮忙服侍，混口饭吃。他在窑户那边，只吃饭没工钱，等大一点后，帮忙做一些杂勤工的活。窑户看你听不听话，听话就做，不听话就滚蛋。我父亲很争气，窑户家很看好他，慢慢地就烧窑、装窑、挑水都会了。我是家中第七个孩子，我的烧窑本事是从父亲那里学来的。

三

窑户对窑工的雇用时间，一般每年到农历年底为止，窑工在十二月二十四日到窑户家去一次，如果下一年继续雇用，窑户就付他一份"新工钿"。"新工钿"数额的四倍即下一年的工钱。

窑户与做坯农民签订协议时，称为"发坯盆子"，这只木制的小盒子写着坯户的姓名、窑户预订多少坯、交货期，盆内放着定金。

一年只有三个日子会结账支付工钿：端午、中秋节和年夜（过年前）。平常时候是不结账的，但可以支借，窑户一般不拖欠窑工的工资。

窑工生产的好坏，直接影响到窑工的生活。窑工，包括坯农、运坯的船户、盘窑（建窑）、装 / 出窑师傅，每一个环节都相关联，并在长期的生产劳动中形成了特殊的习俗以及禁忌。

四

———

烧窑忌讳在窑内小便，忌讳妇女进窑，据说犯忌讳就会烧出夹生砖瓦。女人不准进窑内，否则会烧"老式窑"（即一窑报废的意思）。

泥坯送船上或上岸、砖瓦送下船时，都不准窑工站在船头上撒尿，否则要翻船，但在船尾上可以撒尿。

运泥坯的船，如遇鱼跳到船头、船尾上，会被认为晦气，必须把鱼立即踢下水。

窑工们忌说"红"字，尤其不能说"红砖头"。为了表示吉利，窑工在吃饭时，"大伙"要叫窑工拿块砖头来，并说一声："这块砖头黑乎乎。"晚间，有人走进窑屋，必须先唱歌或喊一声"通报"，否则，窑工会掷砖头，甚至用火叉戳来者，且若受伤概不负责。

当窑工年届 50 岁、儿女及亲戚逢寿诞之日，要敬献果食烟酒之类为寿礼，在寿礼中有一种特殊的礼物，就是青砖（或青瓦）若干块。这样，年年积累，待到七八十岁去世时，就用积累的砖瓦砌墓穴。将死者棺木放好后再封口。这种习俗窑工称为"生祭"或"生葬"。

窑工有一些秘密的行业用语。比如把一句话的每一个字分拆成两个字音来说话，令他人听不懂，如制坯取泥谓"抽筋、剥皮、挖眼睛"。"抽筋"指在一爿田的中间挖去整整一条块泥；"剥皮"指表层的泥被挖去一层；"挖眼睛"指挖成一个个潭。

窑工需要暂停劳动时，要喊"着"，任何窑工听到一声"着"，就停下活。

窑工将烧废品的窑称为"老式窑"（"老式"是当地土语，是对妇女阴部的下流称谓）。

窑工被称为"窑黑子"或者"鬼"，因为窑工全身会沾上烟灰，除了眼睛、牙齿不黑外，都黑了（尤其是出窑的窑工），这是旧时对窑工的侮辱性称呼。

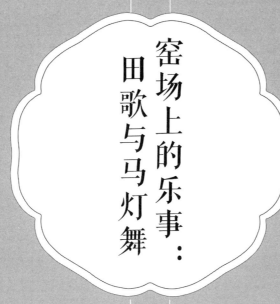

窑场上的乐事：田歌与马灯舞

一

————

　　田歌属于吴歌的一个分支，是嘉善一种独特的歌谣形式，是过去劳动者寻求慰藉、抒发情感的歌谣。2008年6月7日，嘉善县申报的"嘉善田歌"经国务院批准被列入第二批国家级非物质文化遗产名录。

　　窑场与坯场是窑工辛勤工作的地方，为了缓解工作的烦闷，窑工在窑场上会将唱田歌作为主要的娱乐手段。尤其是在休息时，随编随唱，对歌比赛。所唱田歌，以四句头为主，也唱中、长篇。窑场、坯场成为田歌的流传地之一。

　　田歌的起源恐怕不会是产生于某年某月，而是伴随着整个农耕文明。从收集到的田歌资料来看，其主要内容是唱劳动、唱农村生活、唱在村野田发生的爱情。劳动与爱情确实是所有民歌永恒的主题，嘉善田歌也不例外。它反映了平原水乡的农耕文化，是农耕文化的重要体现。

　　根据现存田歌所反映的内容及其时代背景来看，嘉善田歌在清中后期最盛行。在田歌资料中有对"铜镜""三寸金莲""青油灯台""蛎壳窗"等物的描写，故推断为清代中后期。还有，清代中期的嘉善农村盛行种棉，《十二个月棉花》

中唱道："十月棉花白飘飘，松江客船只只到。"自明后，"魏塘纱、松江布"为天下知，嘉善出棉花，纺棉纱，为松江布作前道。当然，从历代的田歌中可以看到嘉善农村的生动景象，田歌的发展也就在清中后期达到辉煌。

与嘉善县的其他乡镇一样，干窑也曾广泛传唱田歌。1955 年 2 月举行的浙江省首届民间音乐、舞蹈会演上，由范泾乡洪杨村（现属于干窑镇）的赵补生、陶炳金、赵宝生、陶雪林等 4 位田歌手和嘉善县丁栅乡张安村的田歌手沈少泉、沈少来、沈瑞花组成的田歌班演唱的十二月花名《五姑娘》，获得演出奖。这是嘉善田歌第一次走上省城舞台并获奖。这也说明了当时干窑一带曾有不少优秀的田歌手。而窑场，则是田歌的流传地之一。

窑工们在装窑、出窑的间歇，在烧窑、担水休息时，往往相聚在窑场上，随口编唱，抒发自己对生活、爱情的追求，

图 24　2016 年由浙江艺术职业学院、嘉兴市文化广电新闻出版局复排的音乐剧《五姑娘》剧照（葛媛摄）。

宣泄被压抑的情感，倾诉心中的委屈。嘉善有许多著名的田歌手，他们当年学歌、唱歌都在窑场上。出生于干窑江泾村的著名田歌手闻玉珍就是在窑场上学会唱田歌的。

金天麟在《窑乡的文化记忆》中有如下介绍：闻玉珍，女（1907~1995 年），住嘉善县洪溪镇（现为天凝镇）塘东村。闻玉珍虽然是文盲，但从七八岁就开始学田歌。她出生在嘉善县干窑乡江泾村（现为长生村），6 岁时，就失去了母亲。她记忆力强，学田歌全靠勤奋。先是跟村上一个叫"大小妹"的农妇学。学唱《花名带鸟名》《鱼名带人名》《十条汗巾》《十根扁担》《九断十三接》等。《十转郎》很长，她就找到会唱的人教，教一段，记一段。只要有人唱得好，她就跟着学。有时，一首田歌，要学一个月才会。江泾是个做砖瓦的地方，她长大后也做砖瓦，在泥滩上唱，在掼坯时唱，在乘风纳凉时唱。

直到二十世纪八十年代民间文学普查时，她还到邻村一个名叫"阿勤"的老田歌手的病床边学唱一首名叫《九断十三接》的长篇田歌的片段。26 岁那年她嫁到隔壁的洪溪乡塘东村，从此，就唱得少了。同样的，天凝镇的俞叙兴、洪溪镇的沈云章、陶庄镇的袁小妹等都是在窑场上学田歌的。

二

———•———

田歌中有不少直接以烧窑与做坯的工作内容为素材，因此反映窑工生活的田歌有不少，其中有一首也叫《做坯苦》（由金天霖于 1983 年采录）：

做坯生意实在糗[1]，

出恭[2] 呒功夫撒尿急悠悠，

雷阵复险[3] 跳塌棹板头，

手里捏个荐子头[4]，

一斜斜[5] 到坯棚头，

跑塌一个脚指头，

白相一枕头，

到地主人家摇船头。

———

1 糗：方言，差的意思。

2 出恭：方言，小便。

3 复险：方言，闪电。

4 荐子头：方言，盖坯用的用稻草编织的工具。

5 斜：方言，跑的意思。

《中国·嘉善田歌》中有一首田歌，内容是以窑户家发生的爱情故事为题材，名为《金姑娘》（演唱者：沈爱生，男，65岁，汉族，嘉善县下甸庙人，文盲，农民。搜集者：王友林、金天麟。1983年采录于下甸庙乡）：

安澜桥起水急悠悠，

中龙江贴对三叙楼[1]，

海朝庵门底小小回汪水[2]，

湾里浜里说风流。

说风流，话风流，

话起风流难断头，

家有姆妈哥有嫂，

金姑娘看中王大哥。

正月梅花白如银，

许七窑户所生一个女千金，

千金廿加一零单岁，

没曾出帖配官人。

二月杏花叶放青，

1　三叙楼：当地地名；安澜桥、中龙江、海潮庵均是当地桥、河、庙的名。

2　门底小小回汪水：门前很细小的一股回流水。

金姑娘是一个老老实实正经人，

正是女子独怕多情汉，

吸铁石碰着绣花针。

三月桃花满树红，

张家浜出个五大兄，

五大兄家中只有阿妈娘两个，

要到南石镇上去做长工。

四月蔷薇白又红，

金姑娘看得后生家勿会穷，

东横头上来西横头下，

耘苗耥稻像龙卷风。

五月花开是石榴，

五大哥哥撺掇金姑娘端正包袱要逃走，

金姑娘听见格句话，

一夜天翻来覆去想到五更头。

六月荷花透水开，

许七窑户搭五大哥哥细攀谈，

四五月田忙登拉[1]我田里做，

---

1 登拉：方言，在。

春秋落空登拉我场上做泥坯。

七月凤仙七巧星，

金姑娘大小包袱打得紧腾腾，

连夜墨黑逃到陶庄去，

立刻叫船到嘉兴。

八月木樨梗子青，

许七窑户勿想叫人去寻，

伊想寻得转来总是坍宠¹事，

就让伊死在荒野中。

九月菊花盆里青，

许七窑户仔细想想还是要去寻，

说道寻得回拨伊²妻来做，

还要叫伊三声大官人。

十月芙蓉应小春，

嘉兴城里东奔西走难安身，

破庙里过夜寒窑里耽搁，

金姑娘想想难做人。

---

1 方言，丢脸。

2 拨伊：方言，给他。

十一月水仙花开，

金姑娘要想转家回，

五大哥哥朝金姑娘话，

好比雾露里摇船难见爹妈面，

金姑娘听着格句话顿头呆[1]。

十二月里有花叶勿生，

穷人要想讨婆娘，

若要贤妻勿是难事件，

只要勤勤俭俭做营生。

在这首田歌中，不仅可以感受到水乡田间的四季风光，还能了解到窑户们的日常生活。比如，"六月荷花透水开，许七窑户搭五大哥哥细攀谈，四五月田忙登拉我田里做，春秋落空登拉我场上做泥坯。"可以看到除了做坯、烧窑，窑户和窑工还要把种田务农作为第一职业。

83岁老窑工许金海至今还记得当时在烧窑时唱的田歌，他很喜欢《五姑娘》，还记得里面的歌词——"罗汉塘起水白遥遥，陈家浜十三只窑都在烧"。而且在许金海的讲述中，窑工们所唱的田歌，也确实体现了其贴合劳动场景、现编现唱的特质。

---

1 顿头呆：方言，这里指突然受惊而呆住了。

我们那边（洪溪）有一个窑师傅，已经过世很久了。他过来窑墩没什么事情做时会编顺口溜，他当时是烧煤的。新中国成立后开始转为烧煤，前些年是烧柴的，柴是一捆一捆捆好的，装在船里面吭哧吭哧，从青浦运来。柴船一般高得很，几个柴捆一捆，五六斤一捆。柴船都会有一个柴主人[1]，一般停在湖里面。柴主人会帮忙介绍把柴（装到船上）摇到哪里，而窑户托他弄几船柴，也是要交服务费的，不是白叫的。上船的时候，窑户停船坐在那边，"窑户嬢嬢一捆两捆，十七十九……"这样以唱歌的方式报数，如果搞不清楚状况的话就会上卖柴人的当。到二十五捆的时候就会说"窑户嬢嬢二十五捆咯"，这样讨便宜。

新中国成立后开始转为烧煤，煤也分好坏，有白煤、烟煤。白煤放在前炉里烧，一般排潮的时候烧白煤，进窑胚里面的时候烧烟煤，因为进窑胚的时候烟不多。然后给砖瓦上色，加水，砖是青的；不加水，砖是红的。这个炉膛，小抄（加水）加进去水就会漫开来，弄个耙子来耙一下，耙耙松，质量不好的煤会结块，需要拿铁棍来捅，其间没事干时，就会编个歌来唱："十三大唱两小唱，窑烟飘到庙会上，干窑当时望来大火烧，西塘陶庄洋龙都出蛟"，这个歌词是形容烧的烟太大了。

1　烧窑需要大量的燃料，曾以稻草柴为主，因此有专门向窑户售卖稻草柴的人，俗称"柴主人"。"柴主人"一般是当地有一定年龄的人，以某个地段为经营地域，别的"柴主人"不得进入。"柴主人"以赚取稻草柴的差价为生。

三

———

    窑场和坯场上除了是窑工们唱田歌的地方，也是另一项民俗文艺活动的表演场地，那就是马灯舞。马灯舞又叫"太平马灯""串马灯"。"太平马灯"寓意在太平年景才会串马灯，串了马灯保佑人口太平、年景太平。旧时，每逢春节和元宵佳节，干窑的农民、窑工就会到各家的窑场、坯场和打谷场上"串马灯"。

    关于马灯舞的来历有几种说法，在嘉善最广泛流传的版本是：李自成率领的起义军被官兵追击，来到姚庄。一天夜里，起义军正在商量如何突围时，突然遭到官兵围攻，李自成当机立断，带领将士挑起营灯，骑上战马，进行夜战。村民们敲起锣鼓，呐喊助威，吓得官兵搞不清李自成究竟有多少兵马，不敢轻举妄动。李自成趁机杀出重围。姚庄人民为了纪念这场胜利，就在元宵节欢庆时，用彩纸、竹篾扎成马和灯，敲起锣鼓跳起舞，而后逐渐演变成马灯舞。

    一般每年农历正月会表演马灯舞，正月十五（元宵）为出灯日，持续时间达半月（不超过正月底），它除了用于自娱自乐外，还有预祝人寿年丰的意思，因此尤为受到窑工们的喜爱。

早期，马灯舞具体表演的流程是这样的，以自然村为单位，在春节期间由各村的长者出面做好出灯的准备工作。首先定规模，一支马灯舞队有几只"马"、几只"花篮"、多少人参加。然后制作竹马。马分两截，用竹条做骨架，分为马头和马臀。糊上彩色纸，内放红烛，表演时点燃。制花篮，有扇形、圆形、五角、六角、八角形……面上用白棉纸糊，也有用丝绢绷上的，并绘有花鸟，写上吉利的字句，也有写上几句唐诗的。花篮实际上成了一盏灯，挂在树枝上。有的树枝有一人高，并扎上常青阔叶灌木（意为摇钿树枝）和柏树丫枝（俗称百子），象征人财两旺。

正月十五元宵夜出灯。这一天（正月十五）吃过晚饭后，马灯队就会在本村的庙场、窑场上集合，表演一番后在紧锣密鼓声中出发。乐器有鼓、铜锣、铙、钹等。表演时，男子"骑"竹马，即把马头和马臀插在前后腰上。女子（由男子扮）拿花篮。村上每家焚香点烛迎接马灯队的到来。大户人家邀请亲朋好友来观灯，为迎接马灯队的到来，还在屋檐下、窑场上摆出了八仙桌，供上各式糕团、茶点、燃香点烛，供马灯队用。"领马"接过东道主的酒杯，边唱《串马灯歌》边敬酒，然后马灯队在锣鼓声中踮起脚奔跑，走出各种"链条形"队形，有单链条、双链条、四链条等。表演结束后，还要唱小调，如杨柳青调、无锡景调、紫竹调。唱毕，各家各户，有送红烛的，有送糕点、柿饼的，也有送谢金的，一角至二角银洋不等，还有办酒席招待的，礼物由马灯队统一接受。串马灯至正月卅日结束时，回到村场上表演一番，把灯具烧掉，称为"谢灯"。

新中国成立初期，这种民间舞蹈还在各村表演，而后逐渐消失。直至二十世纪八十年代，民间舞蹈才重新出现。2001 年，干窑镇成立了马灯队，邀请到干窑村、黎明村两位现已八十多岁的老艺人许品芳和殳荣桂，教授相关队形变化知识。经他们的讲述、指导和排练，马灯队能跳出出场、里路程、里外两路程、如意、翻元宝、鲤鱼上缺、四放树、链条股、五梅花、大牌九、小牌九、蜜蜂叮癫痫、结束（人跃马欢）等十三种队形，颇具有嘉善干窑特色。

图 25 马灯舞（图片来源嘉善新闻网）。

2008 年马灯舞这项曾经备受干窑窑工喜爱的民间艺术被列入嘉兴市第二批非遗名录。为了更好地弘扬与传承这一市级非遗马灯舞，干窑镇积极开展马灯舞"进校园""进文化礼堂"活动，并组织窑乡艺术团、干窑实验幼儿园的学生创编了舞蹈《新时代马灯舞》。通过对非遗项目马灯舞这一宝贵的传统文化进行再挖掘、再创造，让传统文化以新的姿态呈现在大家面前。

图书在版编目（CIP）数据

瓦当下的俗日子 / 章达美著. -- 北京：社会科学
文献出版社, 2023.3
（窑火凝珍 / 刘耿, 董晓晔主编；5）
ISBN 978-7-5228-1481-0

Ⅰ. ①瓦… Ⅱ. ①章… Ⅲ. ①砖-工业炉窑-文化-
中国②瓦-工业炉窑-文化-中国 Ⅳ. ①TU522

中国国家版本馆CIP数据核字（2023）第033024号

窑火凝珍
瓦当下的俗日子

主　　编 / 刘　耿　董晓晔
著　　者 / 章达美

出 版 人 / 王利民
组稿编辑 / 邓泳红
责任编辑 / 王京美　吴　敏

出　　版 / 社会科学文献出版社
　　　　　　地址：北京市北三环中路甲29号院华龙大厦　邮编：100029
　　　　　　网址：www.ssap.com.cn
发　　行 / 社会科学文献出版社（010）59367028
印　　装 / 三河市东方印刷有限公司

规　　格 / 开　本：787mm×1092mm　1/16
　　　　　　印　张：7.5　字　数：77千字
版　　次 / 2023年3月第1版　2023年3月第1次印刷
书　　号 / ISBN 978-7-5228-1481-0
定　　价 / 268.00元（全七册）

读者服务电话：4008918866